GREATLIFE.BOOKS

BRUNO
WÜRTENBERGER

INNER MARKETING

UNTERNEHMERTUM DER ZUKUNFT

GREAT LIFE. BOOKS

Umschlaggestaltung: GretLife.Books
Set & Layout: GreatLife.Books

Bildquelle: ©Bruno Würtenberger
Herausgegeben: 01.2019

Verlag: GreatLife.Books (Great Life Productions GmbH)
Hauptstr. 97 | 69 469 Weinheim
www.greatlifebooks.de | info@greatlifebooks.de

ISBN: 978-3-96124-117-0 (Taschenbuch)
ISBN: 978-3-96124-119-4 (eBook)

Printed in Germany

Liebe Leser!

Mit diesem Buch will ich vor allem Neu-Unternehmern und Unternehmern, welche in der Zukunft bestehen wollen, eine neue Sichtweise auf das Business anbieten.

Die Welt und die Menschen verändern sich. ‚Business as usual' wird nicht mehr lange funktionieren. Entweder weil die Menschen es nicht mehr wollen oder, weil wir die Welt ruiniert haben werden, wenn wir so weitermachen wie bisher. Ich gehe mal vom Besten aus. Das Bewusstsein der Menschen scheint sich gerade rapide zu entwickeln und zum Positiven zu verändern. Jetzt gilt es, Schritt zu halten oder sogar gleich von Anfang an ganz vorne mit dabei zu sein. Wie heißt es doch so treffend? „Wer nicht mit der Zeit geht, der geht mit der Zeit."

Und immer, wenn viele gehen, kommen auch viele. Unternehmer der Zukunft sollten einige Grundsätzlichkeiten kennen und sie sollten genau wissen, was in Zukunft nicht mehr funktionieren wird. Es handelt sich hierbei also nicht um ein herkömmliches Marketing-Buch, sondern vielmehr um eine zeitgemäße Unternehmer-Philosophie.

Was Dich erwartet

Anfangen ist wichtiger als Planen!

Jungunternehmer, vorwiegend in Deutschland und Österreich, beginnen ihre Selbstständigkeit gerne mit einem oder gleich mehreren der folgenden 4 Kardinalfehler:

1. Das Planen

Kardinalfehler Nummer eins ist es, wenn man das Planen wichtiger nimmt als das Tun. Da Jungunternehmer nicht auf Erfahrung zurückgreifen können und in der Regel Angst vor dem Versagen haben, versuchen sie alle Risiken zu vermeiden. Das Dumme dabei ist, dass mit jedem weiteren Planungsschritt auch neue Risiken auftauchen. Das bedeutet, dass viele Neu-Unternehmer Monate und Jahre mit der Entwicklung eines hieb- und stichfesten Planes verbringen, ohne je oder zu spät mit ihrem Projekt starten. Was nützt es den besten Plan zu haben, wenn man nie damit beginnt ihn durchzuführen? Nichts.

Erfahrene Unternehmer wissen eins: Kein Plan ist so flexibel wie das Leben. Ich persönlich kenne keine einzige Unternehmerin oder Unternehmer, welche zu Beginn mehr als bloß ein grobes Gerüst zum Plan hatten. Detailliertes Planen kostet Zeit. Zeit kostet Geld.

Du kannst also die besten Unternehmerausbildungen absolviert und die schlausten Marketingbücher studiert haben... Alles Theorie. Ich sage nicht, dass ein gewisses Grundwissen nicht hilfreich ist, aber ich meine, dass ein selbstständiger Unternehmer nicht so denken kann wie ein leitender Angestellter eines Unternehmens, auf dessen Konto jeden Monat ein Zahltag fließt. Zudem ist es eine komplett andere Geschichte, ein bereits bestehendes Unternehmen zu leiten als ein komplett neues aufzubauen.

2. Der Start

Kardinalfehler Nummer zwei ist es, Bedingungen an den Start zu knüpfen. Wie meine ich das? Ich höre immer wieder folgende Aussagen von Jungunternehmern, die kurz vor dem Start stehen: „Zuerst muss / brauche ich (...) und dann leg' ich los." Viele begehen dann auch noch den Fehler zu glauben, dass sie nur dann starten können, wenn sie keiner anderen Arbeit nachgehen müssen. Das ist weit gefehlt! Der sicherste Start gelingt dann, (außer man verfügt schon jetzt über viel, sehr viel Geld) wenn man sein Grundeinkommen durch einen sicheren Job so lange abdeckt, bis das eigene Unternehmen regelmäßig Gewinn abwirft. Wer aber hier schon denkt, dass er einer solchen Doppelbelastung nicht gewachsen ist, der sollte seine Finger lieber vom Unternehmertum lassen.

Auch wer denkt, dass er zuerst mal Urlaub braucht nach all der jahrelangen Schufterei und dann, wenn er erholt ist, mit seinem Projekt starten wird, ist nicht zum Unternehmer geeignet. Auch wer zuerst daran denkt, dass er nun, da er selbstständig ist, morgens länger schlafen und abends früher Feierabend machen kann, hat schlechte Karten im Unternehmer-Business. Am besten gehst Du davon aus, dass Du von nun an doppelt soviel arbeiten wirst und Ferien für die nächsten paar Jahre gestrichen sind. Wem solche Gedanken einen Schauer über den Rücken laufen lässt, ist definitiv nicht zum Unternehmer geboren. Die Freiheit des Unternehmers beginnt erst dann, wenn das Geschäft floriert. Es kann schnell gehen, aber es kann auch sehr lange auf sich warten lassen. Daher sind Ausdauer, physische und vor allem psychische Stärke die wichtigsten Voraussetzungen für Dein erfolgreiches Unternehmersein.

3. Das Reden

Kardinalfehler Nummer drei ist es, dass viele Jungunternehmer mehr aufs Reden geben als aufs Tun. Reden ist eben doch nur Silber! Nachdem die beiden ersten Kardinalfehler überwunden sind, stecken die meisten an dieser Stelle fest. Was sie nicht bemerken ist, dass Zeit eine sehr wertvolle Ressource ist. Ständiges Ausdiskutieren, Besprechungen und Debatten mit allen möglichen Leuten schaffen leider keine Klarheit, sondern ein Netz aus Verwirrungen, Entmutigungen und falschen Hoffnungen. Die Fähigkeit, die Dinge auf den Punkt zu bringen, beobachte ich bei immer weniger Menschen. Als erfolgreicher Unternehmer ist eine klare, knackige und auf den Punkt bringende Kommunikationsfähigkeit ein Muss. Die meisten aber reden so lange darüber, welche Zugverbindung die beste ist, bis auch der letzte Zug abgefahren ist. Aber es stimmt, es war ein guter Plan und es wäre die beste Verbindung gewesen... aber der Zug ist leider bereits abgefahren. Die meisten Menschen reden nicht über die wirklich wichtigen Sachen, sondern sie zerreden alles was eigentlich bereits zusammengepasst hat.

4. Das Team

Kardinalfehler Nummer vier ist die Idee, dass man jemand bräuchte, um starten zu können. Viele glauben, dass die Aufgabe für Einen alleine zu groß wäre. Bevor sie den ersten Euro verdient haben, überlegen sie schon, ob sie einen Mitarbeiter anstellen sollen oder, dass sie einen Partner brauchen. Das mit den Mitarbeitern ist klar, wenn man sich ruinieren will bevor man überhaupt richtig gestartet ist, dann ist dies ein angebrachtes Vorgehen. Und das mit dem Partner ist so, dass diese Idee meist der Angst entspringt. Man möchte nicht das gesamte Risiko alleine tragen, auch nicht die ganze Verantwortung für sein Projekt übernehmen. Dass dies keine gute Voraussetzung ist, sollte klar sein. Aber selbst, wenn es funktioniert, sollte man sich im Klaren darüber sein, dass sich das Income dementsprechend minimiert.

Doch eines kann ich mit Bestimmtheit sagen: Die Arbeit musst immer Du selbst erledigen. Einen Partner zu haben ist also keine Möglichkeit, um selber nicht so viel arbeiten zu müssen. Und sowieso: Wer nicht gerne und viel arbeitet, ist für ein Unternehmerdasein nicht geeignet. Für den Unternehmer ist seine Arbeit gleichbedeutend mit einem Hobby und genau so geht er sie auch an, mit aller Freude und einem nie endenden Enthusiasmus.

5. Schulden

Kardinalfehler Nummer fünf ist rasch erklärt. Mit Schulden ein Geschäft anzufangen, ist ein ziemlich gefährlicher Start. Mit Minus zu beginnen, verwandelt ein Hobby ziemlich schnell wieder in Arbeit zurück. Schulden zu haben, bedeutet, dass man immer ein Schritt hinter dem Geld her geht. Dem Geld hinterherzurennen, frisst in der Regel ziemlich schnell auch die psychischen Ressourcen der meisten Menschen auf. Stress ist somit vorprogrammiert und Stress zerstört die Fähigkeit, auf seine Intuition zu hören. Was viele unterschätzen, ist, dass Intuition weit wichtiger ist als intellektuelle Fähigkeiten. Denn die Kraft und Ausdauer liegt im Gefühl, nicht im Verstand.

Die Gemeinsamkeit der fünf Kardinalfehler

Alle Kardinalfehler verbindet ein gemeinsamer Nenner: Das Denken! Die meisten Menschen messen dem Denken viel mehr Wert bei als ihren Gefühlen. Ich sage aber nicht, dass Denken wertlos und somit überflüssig ist und man nur seinem Gefühl nachgehen soll! Das Gefühl folgt über allem nämlich einem höheren Plan. Dieser Plan hat unsere seelische Entwicklung zum zentralen Thema. Und sobald eine Gefahr für unser Seelenheil besteht, wird die höhere Intelligenz uns davor bewahren. Der Wert liegt also in der Ausgewogenheit beider Instanzen, dem Denken und dem Fühlen. Daher sind innere Ruhe und Zentriert-sein wichtige Voraussetzungen, wenn der Erfolg von Dauer sein soll.

Sicherheit oder Erfolg?

Unser Verstand sucht nicht in erster Linie einen möglichen Weg zum Ziel, sondern Sicherheit. Aber genau das gibt es im Leben nicht. Sicherheit ist immer eine Illusion und wer danach strebt, der befindet sich immer im Stress. Als Unternehmer betrachtet man das Leben stets als Abenteuer. Alles kann funktionieren oder auch nicht. Man weiß es erst, wenn man es ausprobiert hat. Wir können mit dem Verstand abklären, ob es der richtige Weg ist oder mit dem Gefühl. Wer seine Gefühlswelt kennt, der ist weit aus besser beraten, seinem Gefühl zu folgen. Der Verstand wählt immer den scheinbar leichtesten und vielversprechendsten Weg. Aber er kann die Gefahren nicht wirklich abschätzen. Entweder sieht er überall Gefahren oder nur dort wo es ums Gefühl gehen würde. Der Verstand kann nicht mit Unsicherheit umgehen. Er möchte sie lieber vermeiden. Und genau darin liegt das größte unternehmerische Risiko. Das Risiko, kein Risiko eingehen zu wollen. Das Leben verhält sich eben nicht immer logisch. Doch mit dem Gefühl steht uns ein Instrument zur Verfügung, mit welchem die unsichtbaren und unberechenbaren Pfade und Wendungen des Lebens erfasst werden kann. Erfolgreiche Unternehmer waren bisher fast immer entweder die intuitivsten Menschen oder Kriminelle. Da wir aber bestimmt nicht kriminell sein wollen, bleibt uns nur eines übrig: Intuition. Diese zu schulen, ist einiges wertvoller als die besten Unternehmer- und Marketing-Seminare. Nicht, dass solche Seminare wertlos sind, aber sie sind bei weitem nicht so wesentlich wie es die meisten immer noch glauben. Wenn wir die Welt aber etwas genauer beobachten, sehen wir, dass eher ein unbedarfter, dafür aber intuitiver Laie als ein studierter Marketing-Mensch erfolgreich wird.

Gemessen an den unzähligen, gut ausgebildeten Universitätsabgängern ist es schon auffällig, wie wenige von ihnen wirklich erfolgreich werden . Gemäß einer Studie aus dem Jahre 2017 welche in der Neuen Zürcher Zeitung (NZZ) veröffentlicht wurde, zeigen die jüngsten Arbeitsmarktdaten für 2016 ein schlechtes Bild für Studierte. Im Vergleich zu 2015 ist die Zahl arbeitsloser Akademiker um 13,8 % gestiegen. Deutlich stärker als unter Personen mit anderen Ausbildungen. Je niedriger die Ausbildung, desto positiver entwickelte sich die Zahl der Arbeitslosen.

Arbeitslosigkeit nach Bildungsstand 2016

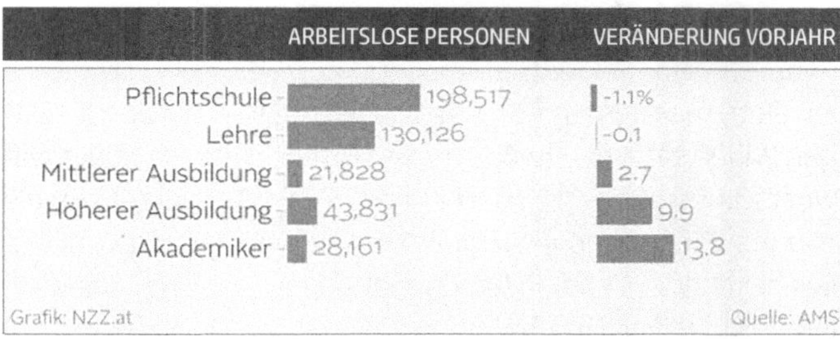

Am besten ist es natürlich immer beides zu haben Intuition und theoretisches Wissen. Aber wenn ich zwischen den beiden Möglichkeiten entscheiden müsste, dann wäre es die klügere Entscheidung die Intuition zu wählen.

Altes versus neues Marketing-Denken

Das wahre Marketing ist nicht das, was man vordergründig als Werbung sieht. Marketing beginnt im Bewusstsein.

Ich denke es ist Zeit, dass wir Marketing von einer anderen Seite beleuchten als es in Marketingkreisen üblich ist. Die Menschheit entwickelt sich, wird bewusster und sensibler. Das Publikum drängt auf Content (Inhalt) und gibt sich nicht mehr lange mit Headlines und Schlagzeilen zufrieden. Ein guter Werbe-Slogan ist selbstverständlich immer noch wesentlich, aber nicht mehr ganz so ausschlaggebend wie bisher.

Wofür auch immer wir werben wollen, Marketing beginnt nicht auf dem Schreibtisch oder am Bildschirm, sondern im Bewusstsein. Und wenn ich sage ‚Bewusstsein', dann meine ich damit nicht nur den Kopf, sondern auch das Herz. Bewusstsein meint also Denken und Fühlen. Daher sollte man sich folgende 7 Schlüsselfragen beantworten:

- Stehe ich zu 100 Prozent und mit jeder Faser meines Seins hinter dem Produkt?
- Entspricht mein Produkt (oder meine Dienstleistung) meiner ultimativen Vision?

- Bin ich bereit, alles zu geben und jeden Aufwand auf mich zu nehmen, um das Produkt/Dienstleistung unter die Menschen zu bringen?
- Dient mein Angebot mehr dem Empfänger oder mir selbst?
- Erfüllt mich alles, was ich in Zusammenhang mit meinem Angebot tue oder tun muss?
- Empfinde ich mein Angebot als essentiell für die Menschheit?
- Was ist meine wahre Intention bezüglich meines Vorhabens?

Marketing Vergangenheit und Zukunft

Bisher ging man wie folgt vor:

- Market Research
- Strategie
- Marketingkonzept
- Kommunikation

Market Research

Bevor man ein Produkt oder eine Dienstleistung auf den Markt bringt wird evaluiert, wie es mit Konkurrenz, Angebot und Nachfrage steht. Wie sehen die Prognosen aus, respektive, wie stehen die Chancen im bereits bestehenden Markt. Erst nach umfassender Informationsbeschaffung wird entschieden, ob man mit dem Produkt/Dienstleistung auf den Markt geht oder nicht. Stehen die Chancen schlecht, dann wird die Idee begraben. Bereits an dieser Stelle werden die besten und hilfreichsten Innovationen beerdigt bevor sie jemals gelebt haben. Mit der Inner-Marketing-Strategie ist dieser Schritt komplett anders und zudem viel einfacher. Man fragt sich folgendes: Habe ich das klare Gefühl, dass die Menschen mein Produkt brauchen? Wenn die ehrliche Antwort „Nein“ lautet, dann fragt man sich Folgendes: Was fehlt meinem Produkt, damit mein Herz fühlt, dass es ein Segen für die Menschheit ist? Kommt man hier nicht zu einem Resultat, dann entspricht mein Vorhaben nicht meiner inneren Ausrichtung und kann getrost beiseite gelegt werden. Besser man lässt sich etwas Neues einfallen, als dass man in seinem zukünftigen alltäglichen Tun nicht seinem Herzen folgt. Denn dies würde nicht nur mich, meine Gesundheit, meine Lebensfreude und somit meine gesamte Lebensqualität ruinieren, sondern – früher oder später – auch mein Geschäft.

Unglücklich zu sein, ist der schnellste und sicherste Weg ins Verderben.

Strategie

Früher legte man sich eine nahezu militärische Strategie zu bevor man in Aktion ging. Diese wurde dann strikt befolgt und meistens war sie auch erfolgreich. Allerdings ging es den Leuten nicht um ein wahres Bedürfnis der Menschen, sondern um das Stillen von Begierden oder das Erschaffen eines künstlichen Bedürfnisses. Somit wurde dem Markt, respektive dem Konsumenten eher etwas aufgedrängt als angeboten. Dies wiederum zeigt die wahre Absicht hinter solchen Geschäften: Hauptsache viel verkaufen und noch mehr verdienen. Eine solche Strategie wird in Zukunft immer weniger funktionieren. Die Menschen durchschauen mit jedem Tag die gängigen Marketingstrategien mehr und mehr und werden sich bewusst, dass sie damit dahingehend gesteuert werden, etwas zu kaufen wovon sie nicht wirklich überzeugt sind, dass sie es brauchen. Mittlerweile ist es den meisten Menschen schon verdächtig, wenn ein Produkt oder eine Dienstleistung auf allen Kanälen und Ebenen – gemäß einer herkömmlich perfekten Werbestrategie – auftaucht.

Eine herkömmliche Unternehmens-Strategie klingt als käme sie direkt aus der Militärindustrie. Da wird sich der Kopf mehr über zukünftige strategische Allianzen, Implementierung und Unternehmenspolitik zerbrochen als darüber, wem es wie zu einem besseren Leben verhelfen könnte. Das bisherige Marketing basiert also auf bloßem Materialismus und bedient sich sanfter Worte nur zum Zweck der Konsumententäuschung.

Gute Beispiele hierfür sind die überaus wohlklingenden Werbeslogans womit die meisten Großkonzerne, allen voran die Pharmaindustrie, die Menschen an ihren Gefühlen packen. Denn sie wissen genau, dass der Mensch keine Produkte, sondern Gefühle kauft. Das marketingtechnische Arbeiten mit der Angst der Menschen steht dabei zumeist im Vordergrund. Funktioniert auch hervorragend. Hier einige wahnwitzige Beispiele solcher Slogans (Die Rechte für folgende Slogans liegen bei den entsprechenden Firmen.) und den entsprechenden Firmen dahinter:

Novartis:	The spirit of discovery. Caring and curing.
Novartis Oncology:	Our mission is to discover new ways to improve and extend people's lives.
Nestlé:	Mit Nestlé wachsen und gedeihen. Unsere Vielfalt für ihren Erfolg.
BASF:	Menschen mit Verantwortung. BASF macht die Musik.

Monsanto:	Together we feed the world and protect the Planet.
Bayer:	Im Vertrauen der Welt. Science for a better life.
Evergreen:	Green chemistry to keep a green earth.
Jacobs (Kaffee):	Mit dem Verwöhnaroma
JVC:	Technologies of desire.
Ikea:	Entdecke die Möglichkeiten. Wohnst u noch oder lebst Du schon?
Hörzu:	Schalten sie um auf Qualität.
Hexal:	Heilmittel ihres Vertrauens.
Head & Shoulders:	Schuppenfreies Haar, unwiderstehlich schön.
Gauloises Blondes:	Liberté, toujours.
GoodYear:	Neues entdecken.
Fa:	Das Abenteuer der wilden Frische von Limonen.
FAZ:	Dahinter steckt immer ein kluger Kopf.
Fernet Branca:	Man sagt, er habe magische Kräfte.
Ford:	Feel the difference.
Epson:	Color your life.
Ernte 23:	Von höchster Reinheit.
DAK:	Unternehmen Leben.
Danone:	Mir geht's richtig gut. Gutes kann so gesund sein.
Der Spiegel:	Keine Angst vor der Wahrheit.
Deutsche Bahn:	Unternehmen Zukunft.
Deutsche Bank:	Vertrauen ist der Anfang von allem. Für alle, die noch etwas vorhaben.
Deutsche Telekom:	Zukunft wird aus Ideen gemacht. Wir verbinden.
dm:	Hier bin ich Mensch, hier kauf' ich ein.
Dr. Best:	Die klügere Zahnbürste passt sich an.

Dr. Oetker:	Backen macht Freude.
Dresdner Bank:	Mit dem grünen Band der Sympathie.
Du darfst:	Ich find' mich gut, so wie ich bin. Meine Art
zu	leben.
Camelia:	Für Frauen, die sich trauen, ganz Frau zu sein.
Cinemaxx:	Hier spielt das Leben.
Citybank:	Live richely.
Coca-Cola:	Catch the summer. Life tastes good. Mach
dir	Freude auf.
Coca-Cola-Light:	So wurden sie noch nie erfrischt.
C&A:	Fashion for living.
Bahlsen:	In Bahlsen steckt viel Liebe drin.
Blend-a-Med:	Gesundheit, die sich sehen lässt.
Bundeswehr:	Wir produzieren Sicherheit. Gemeinsam Frieden sichern.
Bundeswehr:	Wir dienen Deutschland.
10. Panzerdivision:	Zuverlässig, beweglich, schnell.
Schweizer Armee:	Ehrenvoll, einheitlich, bescheiden. (Kommando Spezialkräfte)
Burger King:	Have it your way. My way.
AOL:	Willkommen zuhause!
Aspirin:	Etwas weniger Schmerz auf dieser Welt.
Knorr:	Guter Geschmack ist unsere Natur.
Beck's Gold:	Think fresh

Ich könnte endlos mit dieser Aufzählung fortfahren, aber eins ist bestimmt schon deutlich geworden: Alle sprechen sie Gefühle an. Sie wissen also haargenau, dass Menschen über die Gefühlsebene viel eher zu erreichen und auch zu manipulieren sind, als über die Verstandesebene. Die inhaltlichen Widersprüche werden den Menschen jedoch immer deutlicher und es wird nicht mehr lange dauern bis sie solche Methoden als Betrug, Verschleierung und sogar böswillige Täuschung empfinden werden. Dann wird es schwierig für all jene, welche dieses Wissen über Jahrzehnte oder noch länger aufs Übelste missbraucht haben. Mit anderen Worten: Die Konsumenten werden abwandern und sich wieder ehrlichen Dienstleistern zuwenden. Mit „Inner-Marketing" passiert dieser Missbrauch nicht, im Gegenteil! Dies wäre zum Beispiel ein guter Slogan: „Inner-Marketing ist ehrlich, von Anfang an."

Marketing – Konzeption - Kommunikation

Auch diese Punkte spielen im „Inner-Marketing" eine ganz andere Rolle. Denn bisheriges Marketing geht davon aus, dass man einfach etwas verkaufen will und das zu jedem Preis. Im „Inner-Marketing" hingegen geht es ums Dienen! Daher werden sich hier ganz andere Fragen stellen. Es geht nicht darum, möglichst viel zu verdienen oder Abhängigkeiten zu schaffen, sondern darum, einen fairen Dienst zu erweisen. Und ja, auch mit fairem Dienen kann man reich werden. Sehr reich sogar und dies nicht auf Kosten der Konsumenten! Denn nicht umsonst kommt Ver-dienen von Dienen. Das ‚ver-' im ‚Ver-dienst' weist nämlich bereits auf den Verlust hin. Und ja, wenn man es genau betrachtet, dann gab es bisher noch keine auch noch so große Firma, welche nicht früher oder später in sich selbst zusammengebrochen wäre.

Das „Inner-Marketing" Konzept basiert auf einem viel stabileren Fundament. Es braucht sich nicht halb so viele Gedanken übers Geld zu machen, da Geld nicht das Ziel ist. Geld ist eine angenehme Nebenerscheinung und daher kann das „Inner-Marketing“ Konzept auch nicht von unbewussten Menschen angewendet werden. Es setzt nämlich – im krassen Gegensatz zur Tradition – Charakter, Selbstbewusstsein und Menschlichkeit voraus. Dies bedeutet selbstredend, dass keine anderen Menschen auf irgendeine bedeutende Position eines so aufgebauten und geführten Unternehmens platziert werden. Soziale Kompetenz steht auf oberster Stufe und ist wertvoller als jedes Diplom.

Natürlich ist es ebenfalls wichtig, dass gerechnet und geplant wird, denn auch das ist ein wichtiger unternehmerischer Aspekt. Aber eben nur ein Aspekt von vielen auf die es ankommt und bei weitem nicht der wichtigste.

„Inner-Marketing“' geht davon aus, dass der Mensch, welcher sich mit inneren Angelegenheiten auskennt, weiß, dass alles, was er im Außen erschafft, nur ein Spiegel dessen sein kann, was im Innern des Menschen bereits vorhanden ist. Die Welt, der Markt, das Unternehmen und auch dessen Erfolg sind demnach eine reine Spiegelung des Bewusstseins derer, die daran beteiligt sind. Wenn dies dem geneigten Leser kein Wohlgefühl auslöst, dann gehört er noch nicht an eine bedeutende und einflussreiche Position. Zumindest in einem solchen Unternehmen nicht. Und wer sich überlegt, selbst unternehmerisch tätig zu werden, der sollte damit nicht eher beginnen als bis er ein tiefgehendes Wohlgefühl empfindet, wenn er denkt, dass seine Welt immer das Ergebnis seines eigenen Bewusstseins ist.

Dienen und Verdienen

„Inner-Marketing" geht nicht davon aus, womit am meisten verdient werden kann, sondern davon, wie es am sinnvollsten dienen kann. Jedes Produkt und jede Dienstleistung dienen irgendjemandem. Selbst ein Kaugummi. Der durchschnittliche Unternehmer mit der Ausbildung von gestern würde heutzutage allerdings nicht mehr ins Kaugummigeschäft einsteigen, weil er denkt, dass dieses schon ausgeschöpft ist. Er wird also abwinken und sich lieber etwas anderem zuwenden. Von seinem Standpunkt aus gesehen durchaus zu Recht. Ein „Inner-Marketing" Unternehmer, der sich ja nicht zuerst die Frage stellt, womit er am meisten verdient, würde sich also folgende Frage stellen: Wie kann ich mit Kaugummis meiner potentiellen Kundschaft am sinnvollsten einen Dienst erweisen? Da wird schnell klar, dass man sich um die Inhaltsstoffe kümmern muss und nicht bloß um eine geile Verpackung. Es dient nicht nur den Menschen, wenn sie gesund bleiben, sondern auch dem Unternehmer für den Aufbau einer möglichst langfristigen Beziehung zu seinen Kunden. Da stellt sich keine Frage der Kundenbindung – niemand lässt sich gerne binden – sondern dem Kundendienst! Es dient also allen am meisten, wenn der Kaugummi die Gesundheit fördert. Wenn man so an die Sache heran geht, eröffnet sich gleich ein neues Marktsegment. Man könnte also auch heute noch ein Millionen- oder gar Milliardenschweres Unternehmen mit Kaugummis aufbauen! Es liegt niemals bloß an der Nachfrage oder an der Konkurrenz! Man kann mit einer guten Idee die Nachfrage auch erschaffen.

Wenn wir das Dienen an erste Stelle setzen, dann folgt das Verdienen auf ganz natürliche und zudem integre Art und Weise wie von selbst. Maßgebend ist allerdings immer auch die Herkunft einer Geschäftsidee!

Entspringt eine solche rein aus dem Verstand, dann stehen die Chancen in Zukunft relativ schlecht. Entspringen sie jedoch dem Herzen, dann ist alles möglich, immer. Oft ist es auch so, dass viele die Chancen gar nicht sehen obwohl sie offensichtlich sind. Das ist, weil der Verstand immer zuerst nach den Problemen Ausschau hält. Man hat eine Idee und denkt, das wäre toll und damit könnte man den Menschen hervorragend dienen und schon meldet sich eine Stimme, welche alle Gefahren und Nachteile aufzählt und so langsam aber sicher die anfängliche Begeisterung so weit reduziert, bis man keinen Mut mehr hat, seine Ideen umzusetzen.

Hierzu ein Beispiel, welches mir seit Jahren zu denken gibt. Die Gastronomie in Zürich. Gut, ich bin da ein bisschen vorbelastet, da mein ursprünglicher Beruf Eidg. Dipl. Gastronom ist. Wäre ich vor 30 Jahren dabeigeblieben, dann wäre ich sehr erfolgreich damit geworden. Aber mein Herz und meine Vision haben mich andere Wege geführt und mich im Bereich der Bewusstseinsforschung zum Erfolg geführt. Anyway, in Zürich gibt es seit über einhundert Jahren gerade mal 2 bis 3 gute vegetarische Restaurants. Wenn ich diese besuche, dann sind sie immer brechend voll. Oft ist es ohne Voranmeldung gar nicht möglich, einen Platz zu bekommen. Das ist der Traum eines jeden Gastwirtes. Heute ist die Nachfrage nach gesundem Essen enorm und wird immer größer. Vegetarisch isst heute nahezu jeder gerne. Gut, vielleicht nicht immer, aber immer mal wieder. Mittlerweile besteht schon ein sichtbarer Trend in Richtung Vegan und sogar Rohkost! Die Menschen werden sich also immer bewusster, wie wichtig eine gesunde Ernährung für ihr Wohlbefinden ist. Das gilt übrigens auch für die Getränke. Und bei Getränken ist die Marge, also die Verdienstmöglichkeit, noch um einiges größer als bei den Nahrungsmitteln! Ich sehe da einen riesigen, aber leider ungenutzten Markt. Aber keiner traut sich.

Alle rechnen nur mit Zahlen anstatt mit Möglichkeiten. Warum? Weil es ihnen in erster Linie um den Verdienst geht. Das ist dumm. Aber so ist es und so kommt es, dass sich in ganz Zürich bisher keine weiteren solcher Lokale etablieren. Es sind immer noch die 2-3 Urgesteine, welche den ganzen Markt bedienen und dabei nicht schlecht verdienen. Tja, da wäre noch viel mehr Potential... aber wo finden sich visionäre Gastronomen?

Gut, vielleicht bist Du ja einer und diese Idee entspricht zufällig Deiner Vision? Gut, dann ran ans Konzept! Oberstes Ziel: Die Gesundheit der Menschen. Gesundes kann durchaus auch schmackhaft zubereitet und fürs Auge elegant hergerichtet werden.

Und das ist nur eine von vielen erfolgversprechenden Ideen, welche man in der Gastronomie verwirklichen könnte. Eine weitere wird deutlich, wenn man sich überlegt, was die Menschen in ihrer Freizeit mögen. Unterhaltung, Abenteuer und Spaß. Besonders dann, wenn Kinder mit von der Partie sind. Stichwort: Erlebnisgastronomie! Das wäre mein zweites Konzept. Wer ein bisschen in der Welt herumgereist ist wie ich, der weiß, dass dieses Konzept überall bestens funktioniert. Vielleicht wolltest Du selbst in Deiner Kindheit gerne ein Pirat, ein Cowboy, ein Ritter oder ein Mafiaboss sein? Guter Start! Warum denn nicht ein Lokal eröffnen, welches den Menschen erlaubt eine solche Fantasie, wenigstens für einen Tag oder Abend, zu leben?! Ein Burgrestaurant wo man essen kann wie ein Barbar, das Personal gekleidet ist wie damals und wo es erlaubt ist, die Knochen an die Wand zu werfen ohne dass gleich die Polizei kommt?!

Eine weitere Idee erwacht aus dem Gedanken, dass es viele Menschen gibt, die aufgrund irgendwelcher Behinderungen nicht in normale Lokale gehen können, weil sie vielleicht nicht rollstuhlgängig sind oder man schräg angeschaut wird als Touret-kranker. Ja, wie wäre es denn mal für ein Restaurant für Trisomie 21 Menschen? Für alte und Gebrechliche die bestimmt auch gerne mal unter die Leute gehen würden? Auch geistig beeinträchtigte Menschen können anständig und fröhlich sein. Müssen sie denn immer versteckt in einem Heim im kalten Esssaal mit meist ungesundem Essen verköstig und abgefertigt werden? Nein! Das müsste nicht so sein und ich bin mir absolut sicher, dass solche Lokale ein Riesenhit wären und alle Zeitungen darüber berichten würden. Aber eben... wenn Dienen nicht an erster Stelle steht, dann werden solche Marktlücken von keinem entdeckt und wenn doch, von nahezu keinem Unternehmer in Angriff genommen. Warum? Tja, weil das Risiko zu groß erscheint. Aber zu groß für wen? Ja, zu groß für einen rein intellektuellen, geldorientierten Verstand weit jenseits vom Konzept des „Inner-Marketing". Ich könnte ein ganzes Buch mit Ideen zu jeder Branche füllen. Aber auch ich kann nicht alles selber machen. Irgendwann muss man sich auch für etwas entscheiden. Aber eines weiß ich: Sollte es aus welchen Gründen auch immer mit den Bewusstseinsforschung-Seminaren nicht mehr klappen, dann wäre ich nicht lange arbeitslos!

Risikobereitschaft ist wichtig

Wer sich nach dem „Inner-Marketing" richtet, der muss über eine große Risikobereitschaft verfügen. Er muss bereit und sich bewusst darüber sein, dass er in völliger Eigenverantwortung handelt. Ich spreche hier vom Unternehmer, nicht vom Angestellten. Alles könnte schief gehen! Vor allem jene Ideen, welche bisher noch von niemand anderem umgesetzt wurde. Wenn etwas neu ist, dann gibt es eben keine Referenz. Allerdings auch keine Konkurrenz.

Aber Vorsicht, bitte versteht mich nicht falsch! Ich sage nirgendwo, dass man nicht rechnen und nicht realistisch planen soll. Im Gegenteil. Natürlich muss es realistisch sein, nur schon um die Anfangsphase zu überstehen. Aber zunächst sollte man sich fragen, was ‚realistisch' genau meint. Denn der Verstand führt ‚realistisch sein' gerne immer dann ins Feld, wenn er uns von etwas abhalten will. Man muss wissen, dass der Verstand in der Regel der Angst folgt und nicht dem Vertrauen. Er rechnet leider nicht mit ‚Wundern', obwohl solche laufend geschehen.

Für gute und von Herzen kommende Ideen und Visionen finden sich immer genügend Unterstützer. Dazu braucht es weder Banken, Kredite noch Schulden. Das Einzige, was es zu machen gilt, ist, sich zu entscheiden, sich seiner Sache voll und ganz hinzugeben. Hingabe ist nicht nur ein schönes Wort, es ist die Lösung aller Probleme. Im Wort ‚Hingabe' steckt nicht nur das Wort geben, sondern auch ‚Gabe'. Eine Gabe ist ein Geschenk und jeder Mensch verfügt über mindestens eine Gabe. Geben und Dienen ist also ein Geschenk. Und wer schenkt, der wird auch beschenkt. Eine Gabe ist aber auch ein Talent. Jeder Mensch hat Talente.

Auch wenn jeder gerne die Talente eines anderen haben möchte und seine eigenen auf der Jagd nach ihnen vergisst und verkümmern lässt, sie sind trotzdem da. Tief im Innern eines jeden Menschen schlummern Talente, welche an Genialität nicht zu übertreffen sind! Vielleicht erkennt man das nicht von Anfang an, da sie zuerst noch entfaltet werden wollen, aber sie sind eindeutig vorhanden, in jedem von uns!

Sich einer Vision hinzugeben bedeutet, dass man – nein, nicht bereit ist dafür zu sterben – sondern, dass man bereit ist dafür zu leben, dass man bereit ist, jegliche persönlichen Nachteile in Kauf zu nehmen, dass man bereit ist, alles auf eine Karte zu setzen, dass man bereit ist, die gesamte Verantwortung für ein Gelingen oder aber auch Scheitern, selbst zu tragen und, dass man sicher ist, dass es genau das ist, was sein Herz leben möchte. Da wird nicht an Urlaub gedacht oder Familie und auch nicht an Spiel, Spaß und Hobbies. Das alles kann später wieder kommen, dann, wenn der Start gelungen ist und das Unternehmen floriert. Wer solche Prioritäten nicht an die zweite Stelle setzen kann, der hat eine andere Vision, aber nicht die eines Unternehmers.

Und nur ein gestandener Unternehmer weiß, dass ich weiß, dass Familie das Wichtigste überhaupt ist und ich niemals dazu raten würde, sie zu vernachlässigen. Darum geht es nicht. Ich spreche hier von einer inneren Haltung. Und diese unterscheidet sich wesentlich zwischen Unternehmer und Angestelltem!

Solltest Du, lieber Leser, ein Angestellter sein, dann erforsche zu allererst die Unterschiede der inneren Haltung eines Unternehmers zu Deiner eigenen. Ganz besonders dann, wenn Du Dir überlegst, ein selbstständiger Unternehmer werden oder „Inner-Marketing" verstehen zu wollen. Es ist auch nicht so, dass die eine Haltung gut und die andere schlecht ist. Es geht nur darum, zu wissen, welche innere Haltung es ist, um den Erfolg der eigenen Ziele zu garantieren. Wenn Du ein Mensch bist, der sich Sicherheit wünscht, dann wäre es nicht zielführend, Unternehmer sein zu wollen. Wenn Du das allerdings ändern möchtest – und das geht – dann kümmere Dich zuerst darum, Deine inneren Programmierungen zu verändern. Die Ausbildung vom Angestellten zum Unternehmer beginnt immer im Bewusstsein! Eine große Angestelltenfalle ist aber dies, dass ein Mensch mit einem „Angestellten-“ und sich Sicherheit wünschendem Bewusstsein oft davon ausgeht, dass er eh schon die innere Haltung eines Unternehmers hätte. Also Vorsicht!

Ich will niemanden ins Unglück stürzen. Man muss mich da schon richtig verstehen. Widerstand gegen die Abhängigkeit bezüglich eines Arbeitgebers ist bei weitem noch kein Unternehmerbewusstsein! Um diese Falle zu überwinden kommt ein weiterer wichtiger Aspekt zum Tragen: die Dankbarkeit.

Dankbarkeit ist der Schlüssel

Dankbarkeit ist deswegen der Schlüssel zu jeglichem Erfolgreich-sein, weil es die Basis der inneren Haltung eines jeden erfolgreichen Menschen ist. Ganz egal ob sein Ziel Geld, Erfolg, Gesundheit oder etwas anderes ist. Wirklich aus tiefstem Herzen dankbar zu sein für das, was man hat, ist die Grundvoraussetzung dafür, mehr zu bekommen. Dabei ist es übrigens wichtig, zu wissen, dass sich das Universum nicht täuschen lässt! Also mach Dir selbst am besten auch nichts vor. Das Universum um und in uns reagiert nicht auf das, was wir denken oder sagen, sondern auf das, wie wir uns fühlen. Wie wir uns wirklich fühlen! Wer sich da selbst etwas vormacht, hat schlechte Karten! Unsere Gefühle sind Schwingungen. Das, was von uns ausschwingt ist immer das, was wir wirklich sind! Und nur auf das reagiert das Universum. Daher gilt es, die innere Schulung einem jeden

Diplom vorzuziehen. Was man an einer Fachschule lernen kann, das kann man immer lernen, auch später noch. Und ein korrekt geschultes Bewusstsein wird die lernbaren Dinge auch ganz anders verarbeiten und viel mehr daraus machen können als ein Ungeschultes.

Etwas zu lernen oder zu studieren, weil man mit dem, was gerade ist, unzufrieden ist, funktioniert nur bedingt. Aus Druck erreicht man nicht annähernd dieselbe Höhe wie sie sich mit Sog erreichen lässt. Widerstand kann zwar auch erschaffen, aber nur Kurzfristiges. Mit einem Wunsch, am besten mit einem Herzenswunsch, wird Dauerhaftes erschaffen. Das ist ein gravierender Unterschied. ‚Ich will' wirkt auf einer ganz anderen Ebene als ‚ich will nicht'. Das sind genau solche Feinheiten, an denen die meisten scheitern. Widerstand erschafft in erster Linie nämlich Widerstand! Bin ich ein unzufriedener Angestellter, so werde ich auch ein unzufriedener Unternehmer sein. Unzufriedene Menschen sind nicht gerade sympathisch. Unsympathische Menschen können andere nicht inspirieren. Ein solcher Unternehmer wird sich folglich mit unzufriedenen Angestellten umgeben. Das ist eine ziemlich schlechte Kombination und wird mit ziemlicher Sicherheit nicht allzu weit führen. Misserfolg ist vorprogrammiert.

Menschen werden nicht durch Erfolg glücklich, sondern glückliche Menschen werden erfolgreich! Ein Angestelltenbewusstsein sieht es umgekehrt. Die meisten Menschen denken, dass sie glücklicher wären, wenn... falsch! Falsch, falsch, falsch! Das ist eine Falle. Sie hält uns im Opferbewusstsein gefangen. Sie macht uns glauben, dass unser Glücklichsein von den Umständen abhängt. Aber genau das Gegenteil davon ist richtig. Wir sind es, mit unserem Bewusstseinszustand der bestimmt, wie unsere Umstände sich gestalten. Ja, wir sind die Gestalter unserer

Umstände und nicht umgekehrt! Die meisten Menschen sind nur deswegen so erfolglos, weil sie sich nach den Umständen richten. Sie lassen sich machen, anstatt zu machen, was gemacht werden muss. Dann gehen sie im besten Falle hin und versuchen die Umstände zu ändern... nicht sich selbst. Das ist viel Arbeit, aber es bringt genau so viel Resultat wie schon immer, nämlich: keins. „Inner-Marketing" beginnt immer bei sich selbst, immer!

Natürlich kann es hie und da auch andersrum irgendwie zum Erfolg kommen, aber nicht zu einem dauerhaften. Früher oder später holt uns die Wahrheit ein. Früher oder später werden Situationen auftauchen, mit denen man nicht umzugehen weiß. Irgendwann erwacht unser Herz und macht uns bewusst, dass es zu kurz gekommen ist. Stress (Krankheit), Burnout und Depression sind dann die Folge. Die Folge wovon? Die Folge davon, dass man nicht das gelebt hat, was man eigentlich leben wollte. Gewöhnlich nennt man das eine Lüge. Wer eine Lüge lebt, braucht sich nicht wundern, wenn das Leben nicht hält was es verspricht.

Also: Dankbarkeit Stufe 1:

Dankbar dafür zu sein, was ist. Da gibt es noch drei weitere Stufen der Dankbarkeit, welche jedoch erst dann zum Thema werden, wenn diese erste Stufe erreicht ist. Rein theoretisch kann ich sie aufführen. Aber es soll nicht dazu dienen, die erste Stufe zu überspringen! Die erste Stufe ist immer die wichtigste. Wenn wir eine Stufe überspringen, dann kommen wir früher oder später immer wieder zu genau dieser Stufe zurück. Da hilft es nicht, die anderen schon zu beherrschen. Jede Stufe wird gebraucht. Es macht also keinen Sinn, sich zu beeilen. Der Meister geht immer langsam und achtsam vorwärts. Dafür aber kontinuierlich. Das Leben ist kein ‚Sprint' sondern ein ‚Marathon'!

Die zweite Stufe der Dankbarkeit ist:
Dankbar dafür zu sein, was man nicht hat und was nicht Ist.

Die dritte Stufe der Dankbarkeit ist:
Dankbar dafür zu sein, was man ist.

Die vierte und letzte Stufe der Dankbarkeit ist es:
Dafür dankbar zu sein, dass man Ist.

Es ist nicht selbstverständlich, dass Du bist. Daher bist Du tatsächlich einzigartig! Und um zu dieser Einzigartigkeit vorzustoßen, gilt es, unbedingt mit der ersten Stufe der Dankbarkeit zu beginnen.

Das Gehirn / Neuromarketing

Unser Gehirn ist vergleichbar mit einem Computer. Computer müssen programmiert werden. Ansonsten taugen sie nichts. Dass wir so leben wie wir es gerade tun, bedeutet, dass auch wir programmiert sind. Ich weiß, das klingt unangenehm. Aber es ist so. Daher ist es von größter Wichtigkeit die Programmiersprache und die verschiedenen Programmiermöglichkeiten zu kennen und auch zu beherrschen. Das grundsätzliche Betriebssystem wurde uns bei Geburt vorinstalliert. Das heißt: Wir können ‚den Rechner' hochfahren und einige grundlegende Funktionen bereits ausführen. Aber da wir in keiner Schule und auch nicht auf der Uni gelehrt werden wie man das Gehirn programmiert, sondern bloß wie man es mit Daten befüllt, gilt es, dies nachzuholen.

Wie wir aus der Werbung wissen, spielt das Gehirn eine wesentliche Rolle innerhalb jeglicher Kaufentscheidung. Eigentlich innerhalb jedes Entscheidungsprozesses. Dieses interdisziplinäre Forschungsgebiet im Bereich der Marktforschung befindet sich an der Schnittstelle zwischen Marketing und Neuroökonomie. Zur Feststellung der Wirksamkeit werden neuropsychologische Untersuchungsmethoden wie Elektroenzephalografie (EEG) und die funktionelle Magnetresonanztomografie beigezogen. Aber auch die Hautleitfähigkeitsmessung, Blickbewegungsmessung und die Messung der Herzfrequenz kommen hier zum Zuge. Das Gehirn steht also im zentralen Fokus, wenn es darum geht, ein Produkt zu vermarkten. Man hat längst erkannt, dass unsere Entscheidungen vorwiegend auf unbewussten Prozessen basieren. Somit kennt das Gehirn unsere Entscheidungen schon bevor wir selbst sie kennen. Und dies wird dann genutzt, um möglichst viel Ab- und Umsatz zu generieren. Wer also dazu in der Lage ist, das Gehirn eines Menschen direkt, ohne Umweg über den bewussten Verstand zu erreichen, ist im Marketing klar im Vorteil.

Auch im „Inner-Marketing" machen wir uns das zunutze. Allerdings mit ein paar kleinen, aber wesentlichen Unterschieden. Nämlich, indem wir uns selbst programmieren. Das hat den Vorteil, dass unsere Integrität unangetastet bleibt und wir uns keinen Kopf darüber machen müssen, wie man die Anderen bestmöglich zu den eigenen Gunsten manipuliert. Und das ist auch gar nicht notwendig, wenn man die Herzen erreichen will. Da braucht es keine Tricks, sondern ehrliche Absichten. Wir alle beeinflussen uns immer gegenseitig und das nimmt auch das Gehirn wahr. Wenn wir von Herzen her agieren, ist eine zusätzliche Manipulation daher gar nicht nötig. Was viel wichtiger ist zu wissen, ist Folgendes: Wie erschafft man sich selbst die Realität, welche man gerne erleben möchte? Denn wenn wir es uns erschaffen können, erfolgreich zu sein, dann ziehen wir automatisch jene Menschen in unser Leben, welche unsere Realität unterstützen. Und das sogar gerne.

Erfolg und Misserfolg beruhen nicht auf Zufall. Zufall ist nur ein Wort für Ereignisse, dessen Herkunft wir uns nicht erklären können. In der Tat hat aber jede Wirkung eine Ursache. Und wenn man erst einmal erkennt, dass die Ursache von allem, was einen selbst betrifft, auch bei einem selbst liegt, dann eröffnen sich Möglichkeiten jenseits der bisherigen Vorstellung. Es gibt also immer zwei Herangehensweisen, 1. Ich verändere das Außen um mich herum oder 2. Ich verändere mich selbst. Als der, der ich bin, erfahre ich die Dinge immer so, wie sie mir entsprechen. Ändere ich mich, dann ändert sich das, was ich erfahre. Der erste Weg, das Außen zu verändern, ist mühevoll und erfordert viel Aufwand. Der zweite Weg ist nicht nur um ein Vielfaches kostengünstiger, sondern auch effizienter und vor allem bei Weitem nicht so aufwändig wie die erste Variante. Der diesbezügliche Grundsatz des „Inner-Marketing" lautet daher wie folgt: Überzeugung erschafft Realität. Oder: Alles, was ich erlebe, ist ein Spiegel meines Bewusstseins.

Dies wissen auch die vielen Motivationstrainer. Aber viele realisieren den springenden Punkt an der Sache leider nicht und driften in positives Denken oder reines Mentaltraining ab. Das funktioniert natürlich auch, allerdings nicht nachhaltig und nicht leicht. Nun, was ist denn der springende Punkt an der Geschichte? Das Gefühl!

Das Gehirn ist vorwiegend deshalb so wichtig, weil wir mit unseren Gedanken Gefühle erzeugen können. Die Frage ist bloß, ob diese Gefühle oberflächlich sind oder tief. Sind sie oberflächlich, dann wirken sie dementsprechend auch nur kurzfristig. Wenn wir uns also ernsthaft mit dem Gehirn und der Funktionsweise unseres Bewusstseins befassen, dann gilt es, sich vor allem mit den Gefühlen auszukennen. Denn Gefühle und Gefühle sind nicht dasselbe. Es ist ein wesentlicher Unterschied ob es sich um reaktive, interpretierte oder authentische Gefühle handelt. Es verhält sich wie mit unserem Bewusstsein. Eine echte und klare Wahrnehmung eröffnet sich erst hinter den mannigfaltigen Filtern unseres Bewusstseins. Diese Filter bestehen aus Wünschen, Widerständen, Ideen,

Meinungen, Bewertungen und Erfahrungen. Und hier begegnen wir der eigentlichen Arbeit des „Inner-Marketing“. Denn genau betrachtet ‚verkaufen‘ wir uns selbst unsere eigene Realität. Um aber eine Realität zu erschaffen, welche wir gerne und um jeden Preis zu kaufen bereit sind, gilt es, zu wissen und zu verstehen, wie eine solche erschaffen werden kann. Dies ist das zentrale Element des FreeSpirit®-Bewusstseins-Trainings. Dass ich dies hier also nicht im Detail erklären und ausführen kann, sollte jedem klar sein. Aber Du weißt ja jetzt, wo Du mich findest.

Der wesentliche Teil einer solch fundierten Ausbildung ist nämlich nicht die Theorie, sondern die Praxis. Unser Gehirn lässt sich durch Praxis viel schneller, einfacher und effizienter umprogrammieren als mit der besten Theorie. Ja, es ist wie mit der Liebe: Darüber zu lesen und sich über sie Gedanken zu machen, kommt in seiner Wirksamkeit nicht annähernd an die erfahrene Liebe heran. Das weiß jeder, der Liebe schon erfahren hat. Wer sie noch nicht erfahren hat, mit dem ist es schwer darüber zu reden, weil ihm die Erfahrung fehlt. Wie will man denn jemandem erklären, was Liebe ist und wie sie wirkt, wenn er sie noch nie erlebt hat? Genau, das geht nicht. Über gewisse Dinge kann man eben nur mit jenen Menschen sprechen, welche die Erfahrung bereits besitzen. Einverstanden? Danke. Daher kann ich in diesem Buch auch bloß theoretische Hinweise geben und zur praktischen Erfahrung einladen.

Das Neuromarketing-Konzept beeinflusst also viel weniger das Gehirn als unser Fühlen und unsere Emotionen. Das ist das eigentliche Spielfeld des Neuromarketings. Es steuert unser Verhalten, in dem es unsere Emotionen und Gefühle in die gewünschte Richtung lenkt. Wie bereits gesagt: Wir kaufen keine Produkte, sondern Gefühle. Denn es sind immer die Gefühle, aufgrund welcher wir unsere Entscheidungen treffen. Dass dies bei den meisten Menschen unbewusst geschieht, tut der Sache keinen Abbruch. Es muss nicht bewusst sein. Im Gegenteil. Je unbewusster die Menschen sind, desto besser lassen sie sich fremdsteuern. Normales Marketing nutzt das aus, „Inner-Marketing" nutzt es. Normales Marketing verwendet sein Wissen gegen die Konsumenten „Inner-Marketing" für sich selbst und für seine Kundschaft. Das ist ein nicht unwesentlicher Unterschied, wie ich finde.

Spiegelneuronen, schon mal gehört?

Was sind Spiegelneuronen und vor allem, was machen sie? Zusammengefasst ist es so: Wenn unser Gehirn etwas beobachtet, zum Beispiel Gefühlsregungen oder Handlungen von anderen Menschen, dann spiegelt es diese Reize. Es tut dann einfach so, als würden wir selbst so empfinden und handeln. Daher ist es nicht unwesentlich, genau zu wissen, welche Ideale und Idole ein Mensch hat. Nicht umsonst erzeugt der Mainstream eine endlose Reihe an Idolen und verwendet diese dann in ihren Marketingstrategien.

Das Gehirn liebt Traditionen und mag Veränderungen überhaupt nicht. Zudem bewertet es ständig. An negativen Erfahrungen hängt es meist ein Leben lang, wohingegen es positive Erfahrungen sehr schnell relativiert. Der Ursprung dafür mag in unserer Evolution liegen. Früher konnte es tödlich sein, einen Schritt ins Ungewisse zu tun. In früheren Zeiten war Überleben das höchste Gebot, nicht Komfort. Und so befindet sich unser Gehirn, selbst heute noch, mehr oder weniger im ständigen Kampf ums Überleben. Hier kommt das Reptiliengehirn zum Tragen, selbst dann, wenn keine reelle Gefahr herrscht. Man spricht vom Instinkt. Instinkt ist nicht dasselbe wie das sogenannte ‚Bauchgefühl'. Dies bezeichne ich eher als Intuition. Intuition strebt nach Vervollkommnung und Vernunft hinsichtlich des Großen und Ganzen, wohingegen der Instinkt sich ausschließlich auf das bare persönliche Überleben ausrichtet.

Da negative Erfahrungen also ein Leben lang im Gehirn aktiv bleiben, fällt es den Menschen immer schwer, sich zu verändern. Kaum ein Mensch verändert sich freiwillig. Die meisten verändern sich erst aufgrund persönlicher und schmerzhafter Erfahrungen. Das Gute wird eher als Zufall und leider als nicht relevant für weitere Planungen angesehen. Wohingegen negative Erfahrungen gleich zu festen Überzeugungen führen und das Leben der meisten Menschen am stärksten prägen. Dies führt dazu, dass wir uns immer mehr oder weniger gleich verhalten und dies wiederum hat die mehr oder weniger immer gleichen Resultate zur Folge. Aus diesem doch eher negativen Kreislauf zu entkommen, ist Sinn und Zweck des „Inner-Marketing". Ansonsten befinden wir uns immer entweder auf der Flucht vor oder auf der Jagd nach etwas. Es ist das reine Spiel von Wunsch und Widerstand. Dies zieht uns immer wieder in die Vergangenheit und bald sind wir dann schon froh, wenn wir nicht tiefer fallen als wo wir früher schon waren, geschweige denn, dass wir höher steigen und uns darin entfalten, das zu sein, was wir in Wirklichkeit sind. Es geht dann nur noch ums Haben anstatt ums Sein.

Erfolgreich zu Sein ist etwas ganz anderes als bloß Erfolg zu haben. Erfolge die man hat kann man auch wieder verlieren. Erfolgreich zu Sein ist ein Bewusstseinszustand der stets Erfolg nach sich zieht. Das nur so nebenbei.

Gemäß wissenschaftlicher Forschung (A metabolic measure of mental effort. Biol. Psychol. 2004 Apr. ;66(2):177-90.) ist unser Gehirn nicht unwesentlich an unserem Energieverbrauch beteiligt. Obwohl es nur 2 % unserer Körpermaße ausmacht, beansprucht es immerhin 20 % unseres täglichen Energieverbrauchs. Der Energiebedarf unseres Gehirns ist erheblich höher als bei allen anderen Organen und auch höher als bei allen anderen Säugetieren. Es scheint, als denken wir zuviel. Durch unnötiges Denken und Verarbeiten viel zu vieler Eindrücke auch aus Fernsehen und anderen Medien verschwenden wir ein großes Energie-Potential. Und sollten wir mal eh schon über wenig Energie verfügen und das Gehirn kommt zu kurz, dann zieht es die Energie von den anderen Organen ab, welche dann unterversorgt bleiben. Krankheit, Burnout und Depression sind nur einige der entsprechenden Folgen dieses Energie-Misshaushaltes.

Für einige dürfte es von Interesse sein, zu wissen, dass die bevorzugte Energiequelle des Gehirns Glukose ist. Bekommt das Gehirn zu wenig davon, dann verlangt es danach und wir bekommen Lust oder sogar Heißhunger auf Zuckerhaltiges und Kohlehydrate, welche dann zu Glukose verstoffwechselt werden. Dicksein kann indirekt also auch eine Folge von zu vielem Denken sein.

Das Gehirn denkt in Buchstaben, Zahlen, Symbolen und Bildern. Auf Bilder reagiert es emotional am stärksten. Das heißt: Das Gehirn liest aus Bildern mehr als aus Worten. Man hat herausgefunden, dass die wirksamsten Bilder Gesichter, Hände, kleine Kinder und Tiere sind, vornehmlich Haustiere. Negativmarketing oder Propaganda bedient sich immer der Bildsprache und weiß ganz genau, wie man Emotionalität erschafft. Propaganda mit schrecklichen Kriegsbildern – welche übrigens nicht immer echt sind – bedienen sich ebenfalls gerne dieser Erkenntnis. Daher zeigen sie gerne verletzte Kinder, wenn sie das Einverständnis des

Volkes für einen Krieg erschwindeln wollen. Bisher funktioniert das hervorragend. Wenn wir die heutige Terrorangst und die Völkervermischung beobachten, dann sehen wir, dass da im Hintergrund Mächte stehen, die genau wissen, wie man ein Volk oder ethnische und religiöse Gruppen gegeneinander aufhetzt. Was diesbezüglich weltweit gerade abläuft, ist alles andere als zufällig.

„Inner-Marketing" stellt sich die Frage, ob solches Wissen jenseits des Mainstreams nicht auch für gute Zwecke verwendet werden kann und sollte. Die Antwort lautet eindeutig: Ja.

Wenn man weiß, dass der Mensch dazu tendiert – weil es das Gehirn einfach macht – zum Beispiel der Blickrichtung oder einem Fingerzeit zu folgen, dann frage ich mich: Warum es nicht auf das Schöne lenken? Ich kann auf einen Freund oder Feind zeigen, je nach dem, wohin ich die Aufmerksamkeit und somit die Energie eines anderen lenken will. Wenn ich weiß, dass er diesem Impuls unbewusst einfach folgt, dann besitze ich nicht nur Macht, sondern vor allem auch ein hohes Maß an Verantwortung. Daher arbeitet „Inner-Marketing" nur mit äußerst verantwortungsbewussten Menschen. Ansonsten kann die Medizin des Wissens ganz schnell in ein Gift des Verderbens umschlagen. Und es verdirbt nicht nur die anderen, sondern auch uns selbst. Menschen mit verdorbenem Charakter sollte man also von diesbezüglich detailliertem Wissen fernhalten. Daher basiert mein gesamtes Wirken auf einer spirituellen Grundlage. Leider ist es heutzutage so, dass genau die ‚falschen Leute' über solches Wissen verfügen. Aus diesem Grund hat man früher die Mysterienschulen gegründet, um sicher zu stellen, dass eine solche Macht nicht in die falschen Hände gerät. Man wusste, dass es ansonsten ziemlich schlecht für die Menschheit aussehen würde. Und so befinden wir uns heute in einer Gesellschaft, wo alles missbraucht wird, das sich missbrauchen lässt.

Ich präsentiere mich und mein Wissen daher ganz gezielt auf diese Art und Weise wie ich es tue. Es dient sozusagen als Filter für unerwünschte Gäste. Ich mache es Verstandesmenschen ganz leicht, mich abzulehnen. Das reduziert zwar meinen Umsatz, aber nicht den Erfolg! Zudem kann ich so mit einem reinen Gewissen leben und brauche den Tag kompletter Verantwortungsübernahme nicht zu fürchten. Somit verlieren auch die Drohungen von religiöser Seite ihre Gewalt über mich. Das heißt, ich muss ‚Gott' nicht mehr fürchten und kann ihn, so unperfekt ich auch bin, dennoch von ganzem Herzen lieben.

Auch das Wort ‚Gott' füge ich bewusst mehr oder weniger jedem Text hinzu, weil ich weiß, dass unreife Seelen sich davon abgestoßen fühlen. Und um ganz sicher zu gehen, dass sie sich abgestoßen fühlen, erwähne ich es zudem auch gleich. So wie gerade jetzt. Denn jetzt könnte man interpretieren, dass ich Menschen, die nicht an so etwas wie einen ‚Gott' glauben, negativ bewerten würde. Dies schreckt dann auch die kompromissbereiten noch ab. Anyway..., zurück zum Gehirn.

Das Gehirn ist unersättlich

Das Gehirn will mehr Auswahl als es verarbeiten kann.

Als Unternehmer muss man gezwungenermaßen häufig Entscheidungen treffen und manchmal sogar ganz schnell. Aber wir haben auch Angst, die falschen Entscheidungen zu treffen, daher neigen wir dazu – weil wir ja sicher gehen wollen – immer möglichst viele Informationen zu wollen um die best mögliche, rationale Entscheidung treffen zu können. Dass wir gar nicht dazu in der Lage sind, rein rational zu entscheiden, das lehnen rationale Menschen entschieden ab. Aber die Frage ist: Haben wir jemals genügend Informationen, um mit Sicherheit die richtige Entscheidung treffen zu können? Nein, haben wir nicht. Und genau dieser Umstand macht es für rationale Menschen und für jene, die absolut auf Nummer Sicher gehen wollen, zu einem Ding der Unmöglichkeit, überhaupt eine Entscheidung zu treffen.

Und wer keine Entscheidungen trifft, der überlässt das Anderen. Das Dumme hierbei wiederum ist, dass es fast keiner mag, wenn über oder für ihn entschieden wird. Daher kann man es rationalen Menschen nie wirklich recht machen und sie selber sind natürlich nie verantwortlich für Fehlentscheidungen. Daher sind die erfolgreichsten Unternehmer keine rationalen Menschen. Auch wenn es hie und da so aussehen mag. Erfolg ist immer ans Gefühl gekoppelt. Daher ist Vertrauen in sein Gefühl viel wichtiger als ein brillanter Verstand. Beides zusammen wäre selbstverständlich die ultimative Kombination.

Sex sells! Wirklich?

Tja, das stimmt wirklich. Auf jeden Fall bezogen auf Männer. Denn das männliche Gehirn verfügt über ein doppelt so großes Sexual- und Aggressionszentrum als jenes von Frauen. Aber auch Frauen denken, gemäß gewisser Untersuchungen, zwei mal täglich an Sex. Ok, im Vergleich zu den Männern stehen sie immer noch ziemlich unschuldig da. Denn Männer pflegen im Durchschnitt alle 52 Sekunden sexuelles Gedankengut. Wenn sich eine Frau also fragt, was diese halbnackte Frau neben dem

Auto zu suchen hat, denkt der Mann: Wow, tolle Karre! Aber selbstverständlich nimmt das in der Regel mit fortschreitendem Alter ab. Da aber eh meistens Menschen mittleren Alters das Ziel für Konsumprodukte sind, spielt das für die Werbung keine große Rolle. Für die anderen besteht ja ebenfalls ein breites Spektrum zwischen Barbie und Kukident.

Dafür verfügen Frauen gegenüber den Männern gemäß Richard David Precht, Philosoph und Honorarprofessor der Leuphana Universität Lüneburg, in gewissen Bereichen der verschiedenen Kommunikationszentren, genauer im ‚Wernicke Areal' über ein deutlich größeres Kommunikations- und Empathiezentrum. Daher verfügen Frauen über ca. 250 Worte pro Minute und Männer bloß über ca. 150. Auch dies erklärt Vieles. Daher sieht die Werbung für Frauen auch ein bisschen anders aus als für Männer. Einem männlichen Gehirn kann man sagen: „ZFX 200 Ultra! Schnell, gründlich, sieht gut aus." (Zum Beispiel für einen Rasierapparat oder ein Auto.) Für ein weibliches Gehirn klingt es dann so: „Zart im Umgang mit Ihrer Haut, einfach zu reinigen, belebend, regenerierend und verjüngt Ihr Aussehen um Jahre. Sie fühlen sich sichtbar erholt und eine Anwendung hält für 3 Wochen. Dies verschafft ihnen mehr Zeit für die wesentlichen Dinge des Alltages, mit den von ihnen geliebten Menschen..." Daher neigen Frauen dazu, uns Männer als ein bisschen, hm... sagen wir mal ‚einfach' zu sehen und wir Männer die Frauen eher als, hm... sagen wir mal ‚kompliziert' zu empfinden.

Die Hypophyse, also die Hirnanhangdrüse ist, wie wir ja wissen, die Meisterdrüse, welche für jegliche Hormonproduktion zuständig ist, respektive diese reguliert. Bei Frauen und Männern gibt es auch diesbezüglich wesentliche Unterschiede. Einer davon lautet: Testosteron oder Östrogen? Hormone sind die wohl am stärksten wirkenden und den menschlichen Körper beeinflussenden Stoffe. Ausgenommen gewissen anderen Stoffen wie den Endorphinen, DMT und andere. Nun, was bewirkt Östrogen bei Frauen und Testosteron bei Männern? Kurzes Beispiel: Testosteron projiziert die Welt hinaus und Östrogen holt sie in sich hinein. Das heißt, dass die Sensibilität der Wahrnehmungsfähigkeit der Frau um 10 – 20 % höher ist als jene ihrer männlichen Artgenossen. Diese beiden Hormone haben aber nicht nur einen deutlichen Einfluss auf die Wahrnehmung der Welt, sondern auch auf die Selbstwahrnehmung. Das heißt: Der Mann schaut in den Spiegel und denkt: „Wow, sehe ich gut aus!" Die Frau schaut in den Spiegel und denkt sich: „Oh mein Gott, ich bin einfach zu dick!" Testosteron gilt nämlich als ein Euphoriehormon. Männer überschätzen daher gerne ihre Fähigkeiten und unterschätzen die Risiken. Bei Frauen verhält sich dies genau umgekehrt.

Wenn Du ein Mann bist und eine Frau Dir zwei paar Schuhe hinhält und Dich fragt, welches sie anziehen soll, die roten oder die in Pink, dann auf keinen Fall antworten! Jede Antwort führt zu einer längeren Diskussion. Sage dann besser: „Welche fühlen sich denn heute für Dich besser an?" Wenn Du eine Frau bist und ein Mann Dich fragt, welches Hemd er anziehen soll, dann antworte klar und bestimmt: „Das blaue!" Er wird nicht nachfragen, nicht abwiegen und sich auch nicht mehr umentscheiden. Egal, welche Farbe Du nennst. Der Mann will nur die Entscheidung umgehen. Die Frau will perfekt aussehen. Das sind eben zwei ganz unterschiedliche Ausgangsbedingungen und wenn man sie kennt, erleichtert es den Alltag um vieles.

Gemäß aktueller Hirnforschung treffen wir ca. 80 % unserer Entscheidungen unbewusst und die restlichen ca. 20 % beeinflusst. Soviel also zum Thema bewusste Entscheidungen. Weshalb ich dies hier erwähne hat folgenden Grund. Wir müssen wieder lernen, auf unsere Gefühle, am besten auf unsere Intuition zu vertrauen. Denn die Intuition arbeitet außerhalb des Nachdenkens. Intuitive Eindrücke sind immer spontan und treten ohne Bezug zum gegenwärtigen Denken und Fühlen auf. Ja, man könnte sagen, dass sie aus einer anderen Dimension zu uns kommen. Diese sind immer viel, viel weitsichtiger und weiser als es unser Verstand, bei aller Intelligenz, jemals sein könnte. Aber eine intuitive Idee liefert leider keine Sicherheit, daher fällt dies gerade Männern so schwer sich auf etwas zu verlassen, das keinen Bezug zur gegenwärtigen Realität hat, ist keine leichte Angelegenheit. Sie fällt Frauen jedoch leichter als Männern.

Was das Gehirn beider Geschlechter jedoch immer gerne macht ist: automatisiere. So spart es Energie. Es liebt also Automatismen und Routine. Jeder weiß, wie schwierig es ist, Gewohnheiten zu ändern, stimmt's? Das ist deshalb so, weil das Gehirn keine Energie verschwenden will. Gewohnheiten und Automatismen zu ändern, erfordert einen enorm starken Willen. Aber wird unser Wille geschult? Fehlanzeige. Wann kann das Gehirn am besten abschalten? Beim Fernsehen und bei allen Aktivitäten, die wir ohne zu denken durchführen können. Früher wurden die Menschen in dieser Abschaltphase kreativ, heute eher passiv. Zuerst mag man sich nicht mit einer neuen Technologie auseinandersetzen, weil alles so kompliziert erscheint. Was es aber gar nicht ist, es ist bloß neu. Und dann, wenn sie sich dann doch ein Handy zulegen und wenn sie dann bald verstanden haben, wie es funktioniert und wie man es benutzen kann, dann geben sie es in der Regel nicht mehr her. Das kann so weit gehen, dass es sogar bereits Morde wegen Handyklau gibt! Das ist die Gefahr eines bequemen Gehirns. Daher empfehle ich jedem, nicht nur den Unternehmern, den Fernseher aus seinem Leben zu entfernen, wenn er nicht verblöden will. Denn je öfter wir das Gehirn auf Automatik setzen oder den Betrieb sogar gänzlich einstellen, desto schneller verliert es die Fähigkeit, zu denken und wir die Lust, es zu benützen.

Erfolgreiche Menschen, wie zum Beispiel Applegründer Steve Jobs, und auch viele Hollywoodstars verbieten ihren Kindern nicht nur das Fernsehen, sondern auch das ständige Herumtragen eines Handys. Warum wohl? Tja, weil sie offensichtlich mehr wissen als der Durchschnitt. Dass sie dieses Wissen meist dem Geld, Ruhm oder Macht opfern, bewirkt, dass sie schnell altern und nie wirklich glücklich sind. Grund dafür sind entweder die falschen Idole oder die fehlende Ausrichtung auf eine höhere Macht wie den lieben Gott. Uiii... da ist es wieder... das ‚Filterwort'. Aber ich hoffe, dass der geneigte Leser versteht, wie ich das meine.

Dabei gäbe es wirklich wundervolle Möglichkeiten das Gehirn zu entspannen, ohne dass dabei alle unsere Fähigkeiten mit einschlafen: Meditation, Musizieren (nicht nur das Musik hören!), Malen, Spazieren gehen, mit Kindern spielen, Gesellschaftsspiele und alles andere Kreative. Die Welt ist voll davon!

Im Marketing geht man davon aus, dass das Gehirn alles, das es wahrnimmt, miteinander verknüpft. Dabei spielt es keine Rolle ob die Dinge zusammengehören oder nicht. Das ist der Grund weshalb auch auf die Kleinigkeiten geachtet wird und werden muss. Denn schon so eine Kleinigkeit wie schmutzige Fingernägel können den Erfolg dramatisch schmälern. Nicht nur beim Arzt, sondern auch beim Versicherungsberater oder auch bei einem Date. Bei einem Automechaniker verwirrt es eher, wenn die Nägel sauber sind. Aber auf solche Kleinigkeiten wird auf professioneller Seite großen Wert gelegt.

 Übersetzt auf das „Inner-Marketing“ bedeutet das, dass auch unser Inneres perfekt aufeinander abgestimmt sein muss, um den gewünschten Erfolg zu erzielen. Und übrigens: Erfolg bezieht sich nicht nur auf Geld! Geld ist immer nur die Folge von Erfolg. Erfolg ist an und für sich ein reines Gefühl. Nicht wer Erfolg hat wird sich erfolgreich fühlen, sondern wer sich erfolgreich fühlt, wird Erfolg haben. Bei allem, was wir erleben, ist zuerst immer das Gefühl da. Erst danach die entsprechende Erfahrung. Manchmal scheint es nicht so zu sein, aber dies ist bloß deswegen so, weil wir viele unserer tieferen Gefühle schon gar nicht mehr wahrnehmen. Daher ist das Training des Fühlens oberste Priorität im „Inner-Marketing“. Wer sich mit Gefühlen, vor allem mit seinen eigenen, auskennt, der ist in jeder Hinsicht im Vorteil, wenn es darum geht, erfolgreich zu werden oder es langfristig zu bleiben.

Grundlegende Vorteile für Unternehmer und Arbeitnehmer

Unternehmerisches Denken unterscheidet sich grundlegend vom Denken eines durchschnittlichen Angestellten. Auch wenn manch ein Angestellter glaubt, dass man natürlich so zu denken beginnt, sobald man in leitender oder unternehmerischer Position ist. Das ist so nicht richtig. In der Regel macht uns eine Position nicht anders – im Gegenteil, sie folgt nur unserem Sein und bietet uns einfach einen größeren Raum für Selbstentfaltung an. Die Realität ist also nicht das, was uns verändert, sondern wir verändern die Realität indem sie gezwungen ist, auf uns, auf unser so Sein zu reagieren. Geist herrscht über Materie. Dieser Grundsatz gilt nicht nur in mystischen Kreisen, sondern auch in den Kreisen erfolgreicher Unternehmer welche – in gewissem Sinne – weit mystischer sind als es viele Mystiker je sein werden.

Das Geistigste von allem, was einem Menschen innewohnt, sind Gefühle und Gedanken. Daraus lässt sich folgern, dass das was wir denken und wie wir fühlen, von entscheidender Wichtigkeit ist. Dies bedeutet vor allem, dass es nicht angebracht ist, einfach ‚irgendetwas' zu denken oder sich ‚irgendwie' zu fühlen. Wir sehen bereits hier, dass ein Unternehmer nur dann erfolgreich sein kann, wenn er weiß, wie Bewusstsein funktioniert und nach welchen Gesetzmäßigkeiten sich Realität erschaffen lässt.

Und, wenn er gut ist, dann weiß er sogar, dass hinter jeder Realität, welche sich beliebig erschaffen und auch wieder auflösen lässt, noch etwas anders steht, nämlich: Die Wirklichkeit! Wenn man den Unterschied kennt oder nur schon mal davon ausgehen kann, dass es da zwei Welten gibt, dann ist das schon ein großer Vorteil.

Wenn man das weiß, dann weiß man auch, dass das Leben (die Realität) mehr ein Spiel als ein unabdingbares Schicksal darstellt. Mit diesem Wissen endet der ewige K(r)ampf, den wir Alltag oder Beruf nennen. Damit erfüllt sich augenblicklich eine nächste Grundlage, nämlich: Was man bekämpft wird immer stärker!

Es ist nämlich auch hier nicht so, dass sich die Hindernisse auflösen und Du Dich hinterher besser fühlen wirst, sondern: Dein Dich-Gut-Fühlen und Dein Glücklichsein bewirken, dass sich alle Hindernisse mehr und mehr aus dem Staub machen. Erinnere Dich: Gefühl und Denken sind Deine zwei vorrangigsten Werkzeuge. Somit sollte klar sein, dass eine wesentliche Frage wie folgt lautet: Wie kann ich lernen, das zu denken und auch zu fühlen, was ich will? Darauf komme ich später zurück.

Nicht jeder, der etwas unternimmt, ist deswegen auch gleich ein Unternehmer.

Obgleich alles, was erfolgt, – einerlei ob Erwünschtes oder Unerwünschtes – ein ‚Erfolg' ist, so ist doch nicht jeder, der etwas unternimmt, gleich ein Unternehmer. Kurz gesagt: Ein Unternehmer ist der, welcher alles, was er unternimmt, aus vollstem Herzen tut. Ja ich weiß, da gibt es noch so Urgesteine von Unternehmern, welche glauben, dass so etwas wie Herz (das geht ja schon in die Richtung von Liebe) oder Gefühl in der Geschäftswelt nichts verloren hätte. Diese Spezies ist allerdings – und dies nicht zu meinem Betrüben – so langsam am Aussterben. Es sind nämlich genau jene Pseudo-Unternehmer, welche große Unternehmen behindern und die kleinen Unternehmungen ungenießbar gemacht haben und es leider auch heute noch – da und dort – tun. Wenn man messen könnte, wie viel Power einem Unternehmen alleine dadurch verloren geht, dann wären viele leitende Angestellte und Unternehmer geradezu geschockt! Das Arbeitsklima um mich herum ist immer genau jenes, welches mein inneres Klima widerspiegelt. Wenn also das innere Klima des Unternehmers so im Argen liegt, dass die Angestellten ebenfalls unzufrieden werden, am Kritisieren und Stänkern sind, dann sollte man in der Lage dazu sein, nicht gleich dasselbe zu tun und wissen, wie man sein eigenes Klima in seinem ursprünglichen Glücklichsein, wiederherstellen kann.

Das wäre essentiell, denn in einem solchen Klima werden die Menschen krank und kranke Mitarbeiter, sowie Unternehmer, schaden dem Erfolg des Unternehmens, des Unternehmers und auch dem des Angestellten. Erfolgreiche Angestellte machen ein Unternehmen erfolgreich und die Unternehmer glücklich. Wenn wir etwas tun im Leben, dann etwas, was uns glücklich macht! Arbeitet man einfach irgendetwas oder unternimmt man einfach irgendetwas, vielleicht des Geldes und der vermeintlichen Sicherheit wegen, dann bringt es einem selbst und das Unternehmen, früher oder später, ins Grab.

Ein Unternehmer ist jener, welcher einer Herzensvision folgt und nicht jemand, der einfach seinen Zahltag haben will. Wahre Unternehmer, Visionäre also, welche es zu Reichtum und Wohlstand gebracht haben, haben dies niemals aus Geldgründen oder Sicherheitsdenken heraus geschafft. Du wirst beobachten können, dass den reichen Menschen, auch den erfolgreichen, Erfolg und Geld unwichtiger sind als so manch einem erfolglosen Menschen.

Ängste können behindern und anspornen

Ängste können sehr behindernd sein. Beispielsweise dann, wenn sie uns daran hindern, etwas zu tun, was von Herzen kommt oder wenn wir befürchten unserer Vision nicht gerecht werden zu können. Aber sie können auch anspornen! Denn es könnte auch dazu führen, dass wir mutiger werden und immer weiter gehen, ohne jemals stehen zu bleiben. Und so ganz nebenbei erfüllen sich alle finanziellen Träume. Manchmal ist dies einfach die Folge davon, dass man seiner Vision folgt. Wenn es also wirklich ums Geld gehen würde, dann wäre es ratsam, es nicht so in den Vordergrund zu stellen. Denn wenn es im Vordergrund steht, dann löst es viel mehr Ängste aus als wenn es im Hintergrund ist. Es kann schon sein, dass man auch so reich werden kann, aber es wird ein steter Kampf sein, es zu vermehren oder es nicht wieder zu verlieren. Natürlich wissen wir, dass dies genau dazu führen wird, aber wenn man nie gelernt hat, wie man mit Ängsten umzugehen hat, wird man dem Kreislauf nicht eher entfliehen, als dass alles Begehrte entflieht. Geld, Sicherheit, Job, Ehefrau, Ehemann usw. Dann, wenn sie ganz am Boden sind, dann eröffnen sich plötzlich wieder die Chancen, einen neuen Weg zu gehen. Diesmal sollte es doch klappen! Ja, sofern man die Lektion gelernt hat. Wenn nicht, dann geht es einfach in die nächste Runde derselben Erfahrung solange, bis die Lektion verstanden wurde. Hätte man jedoch gelernt, wie Bewusstsein funktioniert und wie man mit seinen Ängsten so umgehen kann, dass sie sich fördernd auf unsere Ziele auswirken, wäre man vermutlich niemals in dieser Misserfolgserfahrung gelandet. Und wenn doch, dann gäbe es wenigstens eine Möglichkeit, aus diesem sich ständig wiederholenden Kreislauf auszusteigen. Aber auch darauf komme ich später noch zu sprechen.

Unternehmerisches Denken früher und heute

Früher, damit meine ich die letzten 100-200 Jahre, betrachteten die meisten Menschen Ihre Arbeit mehr als Zwang und den Körper als eine Art Biomaschine. Ein mechanistisches Weltbild beherrschte daher auch die Geschäftswelt. Und wenn man diese aus so einem Standpunkt heraus betrachtet, verwundert es nicht, dass auch der Umgang mit Arbeitnehmern so mechanisch wurde, dass sich so manch ein gutwilliger und wertvoller Mitarbeiter mehr und mehr als Sklave fühlte. Sie wussten ja nicht, dass dies auch wirklich stimmte, weil sie sich nie genau überlegt haben, was denn überhaupt der Unterschied zwischen einem Sklaven der Frühzeit und ihnen selber ist. Sie hätten alsbald entdeckt, dass da gar keine – also ich meine fast keine – Unterschiede bestehen.

Gut, sie wurden bezahlt und sie bekamen – in der Regel zumindest – keine Schläge. Körperliche Schläge meine ich. Ja und sie mussten keine Ketten tragen. Aber bei genauerer Betrachtung stellt man fest, dass diese Sklavenmethoden nicht abgeschafft, sondern bloß verändert, quasi modernisiert, wurden. Also: Ohne Geld würdest Du nicht arbeiten und mit zu viel davon auch wieder nicht. Hm... wenn man Dich jedoch als Arbeitssklave halten wollte, musste man es so arrangieren, dass Du zwar zu viel zum Sterben aber zu wenig, um richtig zu leben, bekommen würdest. Man merke: Die Ketten sind noch da und möglicherweise sogar noch stärker als die früheren aus Eisen, aber unsichtbar. Die Schläge sind nicht mehr körperlich, dafür aber psychisch und auch hier bin ich mir nicht sicher, welche Variante nun die schlimmere ist.

Um zu verdeutlichen, wie ich das meine, frage Dich doch mal folgendes: Wie viele unbezahlte Sklaven haben sich selbst umgebracht? Was? Davon hast Du noch nie etwas gehört? Siehst Du, ich auch nicht. Warum? Weil ein Sklave, welcher sich seiner Sklaverei bewusst ist, sich immer auflehnt. Er würde sein Leben nur unter einer Bedingung opfern: Für die Freiheit! Er würde seine gesamte Kraft so lange mobilisieren und um seine Freiheit kämpfen bis er diese entweder erreicht oder vorher inmitten seiner Aufgabe gestorben wäre. Mit anderen Worten: Sie hatten Hoffnung! Das Dramatische an diesem Gedankengang aber ist, dass Unzählige moderner, bezahlter Sklaven sich Jahr für Jahr das Leben nehmen. Ihre Sklaverei muss die schlimmste sein! Sie führt offenbar so weit bis jegliche Hoffnung verendet. Ein lebendiges Wesen, wie der Mensch es ist, so weit zu bringen, ist eine große Kunst. Dies ist nur in einem erbarmungslosen Kampf ohne Bandagen möglich. Um dies beim Großteil der Menschheit geschafft zu haben, benötigt es eine perfekte Planung auf lange Zeit und das Mobilisieren sämtlicher Maßnahmen und Finanzen. Da musste eine ganze Industrie erzeugt werden, welche sich um die Aufmerksamkeit und somit um das Bewusstsein der zukünftigen modernen Sklaven kümmerte. Medien, Hollywood, Zeitungen und Zeitschriften, Rundfunk, Fernsehen, Sport, Konzerte, Computer, Religionen, Politik u.v.a.m. Die Mehrheit hat, zumindest bis heute, von alledem nichts bemerkt und wähnt sich möglicherweise völlig frei und selbstbestimmt. Obwohl alles, was sie tun werden, von meiner Warte aus betrachtet, vorhersehbar ist. Allen Sklaven wurde einfach ein klein wenig Freiheit erlaubt, welche aber nie frei genug ist, zu erkennen, dass sie mit der Nase bereits kurz vor der Kerkermauer stehen. Noch ein Schritt... und sie würden es schmerzhaft bemerken.

Sie würden vor allem eins bemerken: Dass ihr Leben eine Lüge war. Ein Opfer an Geld und an Sicherheit. Von da an ist die Strecke noch einmal so weit bis man zur Erkenntnis kommt, dass ein erfolgreicher Unternehmer seine Arbeit von Herzen tut und dies ist der größte Unterschied zum Sklaven. Nun ist es seine Lektion, es zu schaffen, das zu arbeiten, was ihm Freude macht und nicht das, was am meisten Geld und Sicherheit verspricht. Und wer das nicht kennt oder wer schon vergessen hat wie das ist, der wird entdecken, dass es gar nicht so leicht ist, es leicht zu nehmen. Das Leben als Spiel zu betrachten und es auch so zu fühlen, ist etwas, was man entweder hat oder nicht hat. Man kann es nicht vortäuschen, vor allem nicht sich selbst. Daher wäre es wohl sinnvoller gewesen, anstatt jahrelang und jeden Abend vor der Glotze zu sitzen, sich um die Funktionsweise des Bewusstseins zu kümmern. Jetzt könnten sie dieses Wissen und die daraus resultierende Weisheit ziemlich gut gebrauchen.

Früher hieß die Devise: Wachstum um jeden Preis und in jeder Hinsicht mehr..., mehr..., mehr... von Allem: Geld, Ruhm und Macht. Heute allerdings erwacht eine neue Ära. Mehr und mehr zählt der Sinn und die Sinnhaftigkeit eines Unternehmens. Das Versagen einst sinnvoller Unternehmungen, welche an ihrer eigenen Gier und Haltlosigkeit erstickten, haben es uns gelehrt: Nicht die Menge macht uns glücklich, sondern die Dauer. Und in der Tat wäre es auch das bessere Geschäft! Es ist doch allemal besser, ein Unternehmen besteht über hunderte von Jahren mit einem Gewinn von 10 Millionen, als bloß 20 oder 30 Jahre mit einem doppelten Gewinn, oder?

Als Unternehmer geht es Dir nie nur um Dich selbst. Ein richtiges Unternehmen hat eine Vision! Diese ist überpersönlich und sie will auch dann noch leben, wenn Du schon lange gestorben bist; und – Du willst das auch. Es geht plötzlich um mehr, um Nachhaltigkeit, um den Nächsten. Und jetzt soll mir keiner sagen, dass so ein Geschäftsmodell keine Zukunft hätte, oder?! In so einem Unternehmen würden die Mitarbeiter ohne mit der Wimper zu zucken auch mit der Hälfte Ihres Lohnes oder zeitweise für gar nichts arbeiten. Warum? Weil sie glücklich sind! Sie sehen es nicht als den Betrieb des Unternehmers, sondern als ihr eigenes Unternehmen. Selbstredend betrachtet auch der Unternehmer seinen Betrieb nicht mehr nur als sein Eigentum, sondern als Bestandteil der Vision seiner Mitarbeiter und ihr Glück liegt ihm mindestens so sehr am Herzen wie sein finanzieller Profit.

Ein weiteres Zeichen für Sklaverei ist es, für einen anderen zu arbeiten, ohne dass man diesem auch sein Herz geweiht hat. Für andere zu arbeiten, wobei ich jetzt meine, dass viele für Einen arbeiten und der Eine sich einen schönen Lenz macht, derweil die Sklaven kaum ihre Miete bezahlen können. Das ist Sklaverei. Ein wahrer Unternehmer geht jedoch mit dem besten Beispiel voran! Meist arbeitet er doppelt so viel wie alle anderen und meist stirbt er bevor er sich zurückziehen und sein Alter genießen kann. Ein Unternehmer ist ein Verrückter! Ver-rückt. Er betrachtet und bewertet vieles einfach komplett anders. Er spielt das Spiel des Lebens und will wissen, wo die Grenzen sind. Aber eine Vision hat keine Grenzen. Daher verschwindet er eines Tages hinter dem Horizont der Grenzenlosigkeit seiner Vision und die zurückgebliebenen trauern wirklich um seinen Tod. Wenn aber ein Visionär stirbt, bedeutet es nicht, dass auch die Vision gestorben ist, im Gegenteil! Die Vision lebt fort und wird immer stärker, weil jeder Beteiligte, ob sich dieser nun in der Putzkolonne oder der Chef-Etage befindet, die Vision teilt. Sie sind und wissen es auch, Teil einer Vision, ihrer Vision und somit wird diese Unternehmung von großer Dauerhaftigkeit sein. Und ich wage es zu behaupten, dass wenn alle Geschäfte auf einer solchen Kultur basieren würden, dass wir dann in wenigen Jahrzehnten ein Paradies auf Erden erschaffen könnten. Keine Not, keine Kriege, kein Hunger und keine Sklaven, keine unzufriedenen Mitarbeiter, ein Paradies für alle. Die Ressourcen sind da, aber noch hinkt die Weisheit der Menschen der Zeit ein wenig hinterher. Doch es zeichnet sich ab, in welche Richtung es gehen wird und die erfolgreichsten Unternehmer waren schon immer jene, welche die Zeichen der Zeit am schnellsten erkannt und genutzt haben. Ganz nach folgender Prämisse: Wer nicht mit der Zeit geht, der geht mit der Zeit.

Misserfolg ist keine Option

Misserfolge sind für einen Unternehmer nicht existent. Misserfolge betrachten wahre Unternehmer als Sprossen auf der Leiter zum Erfolg. Sie kennen kein Versagen so, wie es die meisten verstehen, sondern bloß den Weg zum Erfolg. Alles, was sich auf diesem Weg befindet, wird dankbar angenommen und als Unterstützung des Universums empfunden. Ein wahrer Herzensunternehmer gewinnt immer und wenn er nicht gewinnt, dann lernt er. Durch diese innere Haltung verwandelt er jedes Hindernis in eine weitere Stufe auf der Treppe zum Erfolg. Ich sage bewusst: Treppe zum Erfolg und nicht zum Glücklichsein, denn glücklich ist so ein Mensch nicht erst dann, wenn er seine Ziele erreicht hat, sondern schon von Anbeginn seiner Entscheidung, diesen Weg zu gehen. Tja, und was meinst Du, wie es sich in einem Unternehmen auswirkt, wenn da ein bereits vollkommen glücklicher Unternehmer an seiner Spitze steht? Und wie werden sich wohl dessen Geschäfte entwickeln?

Nun ist es aber wichtig zu wissen, dass dieser Unternehmer nicht aus Widerstand Misserfolg als keine Option versteht, sondern weil er keine Angst davor hat! Er versucht dem Misserfolg nicht auszuweichen, im Gegenteil! Sollte einer auftauchen, so wird er ohne Widerstand ebenso herzlich empfangen, wie ein Erfolg. Schon klar, dass man auch diese Qualität nicht vortäuschen kann, entweder man hat sie oder man hat sie nicht – oder man lernt, wie man dorthin kommt, wo man hin will. Dabei ist es unumgänglich, dass man genau weiß, wo man steht. Nur wenn Du weißt, wo genau Du im Augenblick gerade stehst, kannst Du wissen, wo Dein Weg lang führen muss, damit Du Dein Ziel erreichen kannst. Mir ist jedenfalls noch selten ein Mensch begegnet, der genau wusste, wo er steht. Suchende sind ein gutes Beispiel für Menschen, welche nicht wissen, wo sie stehen. Daher suchen sie entweder den Weg oder sich selbst. Der Unternehmer jedoch ist ein Finder! Denn in dem Moment, wo man sich eingestehst, wo man wirklich steht, eröffnet sich der klare Blick des nächsten Schrittes und man fühlt mit absoluter Sicherheit, wohin der Weg führt. Und auch wenn man dann nicht den ganzen Weg und jedes Detail kennt, so wird man dennoch ganz unbeirrt, vertrauensvoll und sicher seinen Weg gehen. Ja, ich gebe es zu. Dies alles hat einen Hauch von Spiritualität, aber genau das ist es, was einen wahren Unternehmer von den anderen Kollegen unterscheidet, der ‚Spirit'. Dieser wurde lange Zeit unbeachtet zur Seite geschoben oder bewusst ignoriert. Diese Zeit ist zu Ende. Ohne ‚Spirit' wird in Zukunft keine Unternehmung von Erfolg gekrönt sein können. Es ist sehr wohl an der Zeit, mit der Zeit zu gehen. Klar, man kann sich dem auch widersetzen, aber der Kampf ums Leben würde dadurch mehr und mehr in einen globalen Überlebenskampf ausarten. Dies wäre dann der optimale Nährboden für Armut, Krankheit, Kriege und für eine selbstzerstörende Konsumgesellschaft, wie wir sie eh bereits erreicht haben. Also keine wirklich rosigen Aussichten, oder?

Ich denke, mittlerweile sollte jedem klar sein, dass dies auf Dauer nicht gut gehen kann. Noch ist es möglich, die Kurve zu erwischen, aber wer zu lange damit wartet, wird wohl wieder von ganz unten beginnen müssen. Das könnte man dann als

„Unten-Nehmer“ bezeichnen. Und auch hier, wer bereit dazu ist, das Ganz-unten-zu-sein anzunehmen, dem wird genau dies den nötigen Auftrieb geben, um wieder aufzuholen. Alle anderen werden Geschichte sein. Es wäre daher nicht schlecht, sich schon mit Bewusstseinsarbeit zu beschäftigen, bevor man ganz unten ist. Denn je tiefer wir sinken, desto größer werden die Anstrengungen sein, um wieder auf die Beine zu kommen. Wer es sich also leicht machen will, der sollte keine Anstrengung unterlassen das Leben und das Bewusstsein der Zusammenhänge verstehen zu lernen. Wenn die äußere Welt eine Welt der Trennung darstellt, so muss es genau so auch eine innere Welt, eine Welt der Einheit geben. Selbst die Wissenschaft ist dieser Welt auf der Spur und es wird nicht mehr lange dauern, bis die Outsider von früher die Insider sein werden. Eben: Gehe mit der Zeit oder geh’ mit der Zeit.

Hierarchie

Es wird auch dann, wenn das neue Unternehmertum Standard sein wird, immer noch eine gewisse Hierarchie geben. Aber die Führungsstruktur wird nicht mehr hierarchisch sein, sondern eher wie ein sich selbst organisierender Organismus. Hierarchien sind gar nicht so schlecht wie viele glauben. So lange da kein Herrscher-Anspruch von oben kommt können sogar Angestellte ganz gut damit.

Solche Strukturen werden in Zukunft nicht mehr für den Unternehmer gemacht sein, sondern für die Mitarbeiter. Denn eine Hierarchie braucht es nur, um die Menschen dabei zu begleiten in die volle Verantwortung zu gehen. Wer die Verantwortung zu

100 % übernommen hat, der benötigt keine Hierarchie mehr, er führt sich selbst. Aber für jene Mitunternehmer, welche sich noch nicht schlüssig über das Maß an Selbstverantwortung sind, welches sie übernehmen wollen, ist eine klare Struktur und somit Hierarchie eine große Hilfe. Hierarchien sind also nur für jene Menschen ein Problem, welche keine Selbstverantwortung übernehmen wollen.

Auch ich war früher alles andere als begeistert von Hierarchien. Ich habe sie regelrecht gehasst und mich stets darum bemüht, gegen sie anzukämpfen. Mich unterzuordnen, kam überhaupt nicht in Frage. Daher war es für mich das Beste, dass ich mich Ende Zwanzig dazu entschloss, mich selbstständig zu machen. Zumindest beruflich. Allerdings muss ich eingestehen, dass ich täglich entdeckte, dass es gar nicht so leicht ist, selbstständig zu sein und dass mir Vieles um einiges leichter fallen würde, hätte ich eine durchdachte Struktur und am besten noch jemanden dazu, welcher die Verantwortung für sie übernimmt. Und dann, mit +/- 40 Jahren, begegnete ich einer Firma – einer amerikanischen übrigens – welche sehr klar strukturiert und dennoch, trotzt Hierarchie, dem organischen Ganzen in etwa entsprach, von dem ich weiter oben gesprochen habe. Dort verweilte ich ein paar Jahre in Ausbildung und vor allem, bis ich es geschafft hatte, meinen Widerstand gegen Hierarchien gänzlich abzulegen. Nun, dies ist mir gelungen und jetzt stehe ich an vorderster Front eines äußerst zukunftsträchtigen Unternehmens. Und auch wenn ich faktisch ‚der Chef' bin, geht es in dieser Firma nicht um mich und auch nicht um uns alle, sondern es geht uns allem um Eins: Die Unternehmens-Vision!

Viele spüren ja intuitiv, dass es ein großer Unterschied sein muss – je nach dem – auf welcher Seite man steht. Je weiter oben in der Hierarchie, desto schöner glauben sie, dass es sei.

Und in der Tat, so ist es! Allerdings nur für jene, welche schon da sind. Für diejenigen, welche dazu noch nicht bereit und dem noch nicht gewachsen sind, wäre es allerdings eine große Qual. Das sollte man vor allem dann nicht vergessen, solange man sich noch weit unten in einer Hierarchie befindet. Einfach angestellt zu sein, ist ein Privileg, ein wahrer Segen! Die Strukturen sind schon gebaut, das Produkt schon vorhanden und die Kollegen schon da. Und ebenfalls nicht unwichtig, da ist einer bereit, mir jeden Monat das Geld zum Leben zu geben. Arbeit ist im Übrigen nie so gedacht gewesen, dass man es fürs Geld tut. Geld war das Geschenk dafür, dass sich einer dem Unternehmen schenkt und diesem sein Leben – zumindest ein Großteil davon – zur Verfügung stellt. Es ist wie wenn sich zwei Menschen finden. Wenn es funkt, dann funkt es, dann will man natürlicherweise unterstützen und zwar von ganzem Herzen. Ja, auch das ist in gewissem Sinne eine Beziehung ähnlich einer Partnerschaft. Und die einzige Möglichkeit, dass eine Partnerschaft erfolgreich sein wird ist: Dass man füreinander da ist und dem anderen versucht, alles zu geben, was dieser braucht, um erfolgreich und glücklich zu sein. Und wenn dies erst einmal begonnen wurde, dass einer den anderen unterstützt, dann wird bald jeder genau am richtigen Ort innerhalb einer Organisation sein, einem Ort, welcher ihm auch wirklich entspricht und gerecht wird.

Die wohl größte Aufgabe innerhalb eines Unternehmens besteht darin, für jeden Mitarbeiter nicht nur irgendeinen, sondern den für ihn optimalen Platz zu finden oder zu schaffen, falls dieser noch nicht besteht. Würden bereits bestehende Unternehmen in dieser Hinsicht eine Restrukturierung in Betracht ziehen, so würde bestimmt ein mittleres Erdbeben die meisten Angestellten und auch die Unternehmer selbst erschüttern. Aber es lohnt sich, und zwar für alle! Selbst für jene, welche dadurch möglicherweise ihren Job verlieren, lohnt es sich. Denn sie wären an diesem Ort nie glücklich geworden und sie zu entlassen, wäre eigentlich ein Dienst am Nächsten. Unzufriedene Mitarbeiter werden niemanden glücklich machen und am wenigsten sich selbst. Daher ist es gut für sie, sich andern Orts nach etwas Passendem umzuschauen. Denn eine Arbeit, die man tagtäglich verrichtet, sollte nicht nur ein Job, sondern ein Beruf sein. Einen Beruf zu haben bedeutet in diesem Sinne, dass man etwas aus Berufung tut. Dass man etwas tut, was einem ein Herzenswunsch ist. Und diese Berufung steckt in jedem von uns und für jeden steht eine passende Realität zur Verfügung. Befindet man sich allerdings in der Opferrolle, in einem Opferbewusstsein, dann werden solche Chancen natürlich nicht wahrgenommen. Daher ist es wichtig, dass man über die Fähigkeit verfügt, aussteigen zu können. Es ist leichter, aus einem Job auszusteigen, als aus einem mich beherrschenden Bewusstsein. Daher wechseln die meisten Menschen lieber den Job, als dass sie sich selbst verändern. Weil es eben nicht so leicht ist – vor allem dann, wenn man es nie gelernt hat. Aber gegen den Strom der Tendenz seines Bewusstseins anzukommen, erfordert doch einiges an Training. Du kannst damit nicht früh genug beginnen. Mehr dazu später.

Die alten „Hierarchen" benutzten die Hierarchie, um zu unterdrücken, zu beherrschen und zur Befriedigung anderer Gelüste. Damals war die Stufe, auf der sich jemand befand oft sogar lebensentscheidend. Jede Hierarchie war insofern etwas Bedrohliches für alle, welche sich auf den unteren Stufen befanden und sie wurde oft auch als Waffe gegen sie verwendet. Allerdings werden solche Waffen immer nur von schwachen Menschen in höheren Positionen verwendet. Nichts ist gefährlicher, als ein Unternehmer in hoher Position, welcher mit seiner eigenen Persönlichkeit nicht klarkommt. Denn je weiter ‚oben' sich jemand befindet, desto schärfer werden auch die Werkzeuge, welche man zur Verfügung hat. Und damit kommen wir zu einem weiteren, essentiellen Punkt verantwortungsvoller Unternehmer: Der Integrität.

Was ist Integrität?

Vertrauen habe ich ja schon erwähnt – zumindest in Bezug auf das Vertrauen ins Leben. Aber da gibt es auch noch eine andere Seite des Vertrauens: Das Vertrauenswürdig-sein. Ja, und jetzt wird die Geschichte schon etwas intensiver. Vertrauenswürdig zu sein, hat nämlich in erster Linie mit dem Charakter zu tun. Manche Menschen glauben, dass einem der Charakter in die Wiege gelegt wird, aber das stimmt so nicht. In die Wiege wirst Du nämlich super-integer hineingelegt! Dann erst wirst Du ‚reingelegt'. Dann leben uns nämlich unsere Eltern vor, was sie unter Integrität verstehen. Wir werden immer größer und immer länger und strenger erzogen. Von Eltern, Lehrern, Priestern und von der Gesellschaft. Da wir aber immer danach Ausschau halten, wie wir Vorteile daraus und aus diesem System ziehen können, haben wir uns einen dementsprechenden Charakter zugelegt oder überstülpen lassen. Wir sind also gar nicht so, wie wir zu sein scheinen. Unser wahrer, ursprünglicher Charakter will zuerst wiedergefunden und freigelegt werden. Wie das möglich wäre, darauf komme ich noch zurück.

Charakter ist also wichtig. Und bei all den vielen, möglichen Charakteren ist doch nur einer der gesuchte: Deiner. Und welchen Du hast, das sage ich Dir gerne, einen Charakter, welcher sich aus folgenden Bestandteilen zusammensetzt: Ehrlichkeit, Mut, Hingabe, Authentizität und Liebe. Dies sind Deine verschollenen Qualitäten, mit welchen Du geboren wurdest und ohne die Du heute nicht hier wärst. Dies ist Dein ursprünglicher Charakter und nur ein solcher entspricht einem wirklich erfolgreichen Unternehmer oder Unternehmerin.

Charakter ist übrigens nicht gleichbedeutend mit Temperament. Es gibt verschiedene Temperamente wie den Choleriker, den Sanguiniker, den Phlegmatiker und den Melancholiker, oder Mischungen davon. Dein Temperament bringst Du mit und je nach dem, wie Du aufgewachsen bist und gelebt hast, setzt sich das eine oder andere durch. Dein Temperament wird sich im Laufe der Zeit auf dem Weg zum Unternehmer ebenfalls verändern. Es muss ja schließlich zu Deinem Ursprungs-Charakter passen. Das Temperament bestimmt also nicht, was Du lebst, sondern wie Du das lebst, was Du lebst. Es bestimmt einfach die Art und Weise, wie Du Dich selbst ausdrückst.

Ok, Du hast es bemerkt; da steckt ganz schön viel Psychologie dahinter! Stimmt. Es ist Bewusstseinsforschung zu untersuchen, was es da so alles gibt und es ist Psychologie, wenn man es verstehen und anwenden lernen will. Du musst also einiges von Psychologie verstehen – dabei sollte aber Deine Wahrnehmung das übliche Maß bei weitem überschreitet. Der moderne Unternehmer ist ein Mensch, den man gerne an wichtigen und einflussreichen Positionen, auch in der Politik und anderswo, sehen würde. Man vertraut ihm einfach. Er ist so echt. Er ist so ehrlich und so authentisch und ja, irgendwie scheint er eine grundsätzliche Wärme, ja, fast schon Liebe, zu verströmen. Er wirkt irgendwie weise. Und meiner Meinung nach sollten weise Menschen diese Welt regieren.

Gut, es geht also um Weisheit. Weisheit ist ebenfalls etwas, das man nicht vorgeben kann. Wie auch? Weisheit kann man ja nicht einmal lehren, geschweige denn lernen. Wissen ja, Wissen kann man lehren und auch erlernen, aber Weisheit erfährt man. Weisheit geschieht, wenn man das Gelernte umgesetzt hat. Weisheit ist daher nicht das Wissen selbst! Weisheit ist die Erfahrung dessen, was sich hinter dem Wissen befindet. Und um dorthin zu kommen, ist eine fachlich kompetente Begleitung unabdingbar.

Modernes Unternehmertum ist also grundlegend verschieden von dem, was unsere Eltern als ‚die harte Schule' bezeichnen und wovon sie überzeugt sind, dass es die beste wäre. Ja, ja, ohne Fleiß kein Preis. Wenn dies jedoch stimmen würde, dann würde es bedeuten, dass je härter jemand arbeitet, er umso erfolgreicher sein wird. Die Faktenlage zeichnet jedoch ein ganz anderes Bild, geradezu ein gegenteiliges. Es sind doch immer die, welche am härtesten arbeiten, welche den kleinsten Lohn beziehen, oder? Wenn man realistisch genug ist, dann würde man deutlich beobachten, dass nicht Fleiß das Entscheidende ist, sondern Charakter. Je nach Charakter ist auch die Lebenseinstellung. Was man früher also so gern gemacht hat, nämlich Privates und Arbeit voneinander zu trennen, ist eigentlich undenkbar. Du bist doch nur 1 Mensch, oder? Wo soll denn Dein privater Teil bleiben, während Du arbeitest? Zu Hause wird er nicht bleiben. Er wird immer genau dort sein, wo Du bist. Es ist ihm einerlei, ob Du auf Arbeit bist oder nicht. Ob Du im Chefsessel sitzt oder auf der Kloschüssel. Du und alles von Dir ist immer dabei. Und jetzt Psychologie: Wenn ich glaube, Geschäft und Privates trennen zu müssen, dann werde ich während der Arbeit mein privates Leben unterdrücken müssen. Ich müsste eine Rolle spielen, welche ich eigentlich nicht bin. Dies wiederum führt zu einer Dissonanz zwischen meinem innern und meinem äußeren Leben. Ich handle dann nicht mehr so, wie ich fühle, sondern so, wie ich denke, dass es richtig und angemessen wäre. Und ob man das lebt, was man fühlt, oder das, was man denkt, ist in seiner Auswirkung nicht nur gravierend, sondern manches Mal, geradezu von ungeheurer Tragweite und höchster Konsequenz! Du siehst also, für mich als Unternehmer spielt das Wohl des Anderen eine durchaus prominente Rolle. Ich bin mir dessen bewusst, dass mein Erfolg direkt proportional zum Glücklichsein aller Beteiligten steht. Mit Sicherheit liegt das Wohl der Mitarbeiter eher im Zentrum des Unternehmers, als im Zentrum eines durchschnittlichen Arbeitnehmers. Solchen bloßen Lohnempfängern liegt in der Tat nichts weiter entfernt, als das Wohl seines Unternehmens und ebenso das Wohles des Unternehmers. Er denkt vermutlich einfach folgendes: Der Boss hat ja sowieso genug Kohle und daher geht es ihm prinzipiell besser als mir. Aber dass Geld glücklich macht, solches denken wohl nur jene, welche zu wenig davon besitzen. Aber dazu komme ich später noch.

Die Umstände

Erfolglose Menschen denken gerne, dass die Umstände für ihr Versagen verantwortlich sind. Zudem sind sie davon überzeugt, dass Umstände einfach gegeben sind und es mehr oder weniger Schicksal ist, wer welchen Umständen ausgesetzt ist oder nicht. Aber es ist weder unabdingbar noch ist es verantwortlich dafür, was wir aus unseren Umständen machen oder eben nicht machen. Erklärungen wie: ‚Das Leben hätte es nicht gut mit ihnen gemeint' oder; ‚ich bin halt in einfachen Verhältnissen aufgewachsen' oder; ‚hätte ich dies oder jenes gehabt, dann wäre ich...' sind nichts anderes als faule Ausreden! Und dies ist alles andere, als unternehmerisches Denken! Sich als Opfer zu fühlen, ist für einen wahren Unternehmer etwa so weit entfernt wie die Erde zum äußersten Planeten unseres Sonnensystems. Das ist absolut undenkbar. Und das ist auch gut so, denn stell Dir mal ein Opfer als Vorgesetzten und leitende Kraft eines Unternehmens vor. Wie sollte er erfolgreich sein können, wenn er davon überzeugt ist, dass er ein Opfer ist?! Ich glaube nicht, dass dies gut gehen würde. Der Mensch ist nicht Produkt, sondern Produzent; nicht Opfer, sondern Schöpfer und nicht das Resultat, sondern der Erschaffer seiner Umstände. Der Mensch ist von Natur aus ein Unternehmer, jeder unternimmt was. Warum also nicht lernen, wie man etwas richtig unternimmt, so, dass jedes Unternehmen von Erfolg gekrönt ist?! Mit Sicherheit wäre dies ein viel weniger steiniger Weg als jener, welcher von den meisten Menschen beschritten wird. Wie heißt es doch so schön: „Willst Du etwas Ungewöhnliches schaffen, dann musst Du etwas Ungewöhnliches tun." Ich behaupte sogar: Willst Du etwas Besonderes erreichen, so musst Du auch besonders sein. Originale sind immer besonders. Authentische Menschen sind immer besonders. Nicht so zu sein, wie alle sind, das ist besonders. Und wenn – so wie heutzutage – fast alle Menschen davon überzeugt sind, dass sie Opfer sind, was wäre da wohl das Naheliegende? Genau, wähle das Schöpfer-Sein oder das schöpferisch Sein und Du bist garantiert nicht mehr bloß einer unter Vielen. Dann wirst Du der Eine unter den Vielen sein!

Was ist Geld?

Die Hauptsache der meisten Unternehmen und auch das Hauptziel vieler Unternehmer ist Geld. Aber wenn Geld das Objekt der Begierde ist, so würde es durchaus Sinn machen, zu wissen, was Geld eigentlich ist. Zuerst muss man wissen, dass alles Energie ist und wie Energie sich zeigt und manifestiert, ist lediglich eine Frage der entsprechenden Schwingungsfrequenz. Die Form, als welche sich Energie zeigt, ist also lediglich das Resultat davon, wie Energie schwingt. Je tiefer Energie schwingt, desto grobstofflicher wird sie sein. Wenn Energie sehr hoch schwingt, dann ist sie für das menschliche Auge unsichtbar, also nicht manifestiert in Farbe und Form, nicht greifbar. Du kannst Dir das in etwa so vorstellen, wie bei einem Ventilator. Je langsamer die Rotorblätter sich drehen, desto deutlicher sind sie zu sehen. Beschleunigt man den Ventilator auf die höchste Stufe, dann sind die einzelnen Rotorblätter bald nicht mehr zu sehen und das einzige was wahrnehmbar ist, ist ein weißliches, nebelartiges Rauschen. Und obwohl man weniger sieht, ist die Wirkung eine stärkere. Je schneller der Rotor dreht, desto weniger würdest Du Deine Finger da hineinhalten wollen, oder? Es macht also durchaus Sinn, Energie auch und besonders in seiner unsichtbaren Form zu kennen.

Gut, ich gebe zu, wir bewegen uns hier nun deutlich in Richtung Metaphysik. Aber deswegen hat dies noch lange nichts mit Esoterik oder so zu tun. Darum heißt es ja auch nicht ‚Metaesoterik' sondern Metaphysik. Und Physik hat sich schon immer mit unsichtbaren Dingen befasst. Mit Radiowellen, Magnetismus, Strahlung und einfach allem, was ‚hinter der Physik' kommt. Physik befasst sich mit allen von Natur aus gegebenen und entweder sicht-, mess- oder sonst wie wahrnehmbaren Kräften. Metaphysik aber interessiert sich hauptsächlich für deren Ursache. Zu Beginn basieren solche Forschungen – wie jede wissenschaftliche Forschung übrigens – auf Theorien. Im Laufe der Erforschungen werden neuartige sensiblere Messgeräte entwickelt und so wird alles Metaphysische früher oder später zur Physik zählen. Weil es dann ja messbar ist. Aber grundsätzlich, bis es soweit feststellbar ist, basiert die ganze metaphysische Forschung auf Indizien.

Zunächst waren und sind es die Philosophen, welche die forschende Wissenschaft dazu inspirierte und noch inspiriert, Dinge zu untersuchen, welche bis dato in den meisten wissenschaftlichen Kreisen noch gar nicht existieren. Der Begriff ‚Metaphysik' wurde daher auch von einem Philosophen geprägt, nämlich von Aristoteles und Andronikos. Allerdings verwendete Aristoteles selbst den Begriff ‚Metaphysik' nicht. Damit begann erst Nikolas von Damaskus. Seit der Spätantike (284 n. Chr.) wird Metaphysik als eigene philosophische Disziplin anerkannt. Sie befasst sich grundlegend mit der Frage was Wirklichkeit als solche ausmacht. Es geht also nicht, wie in der Physik, darum, zu erforschen, wie das wirkt, was man wahrnimmt, sondern wie es zustande kommt, dass da etwas wirkt, was man als Wirklichkeit wahrnimmt? Ich würde es so formulieren: Sein oder nicht Sein und wenn, warum? Also: Wie wird aus ‚Nichts' ein ‚Etwas' und ist dem überhaupt so? Metaphysik ist also durchaus als Grundlage der Philosophie zu betrachten.

Mir ist schon klar, dass es für die meisten neu ist, zu hören, dass die Unternehmer der Neuzeit gleichzeitig Psychologen, Philosophen, Metaphysiker und vor allem gefühlvoll sein werden. Aber mal ganz ehrlich, das ist doch sicher besser als wenn sie alle Psychopathen wären, oder? Wenn dem so wäre, dass Unternehmer gleichzeitig Psychologen, Philosophen, Metaphysiker und vor allem gefühlvoll wären, denkst Du dies hätte positive oder negative Auswirkungen auf das Leben der Menschen und vor allem der Arbeitnehmer? Fein, warum sich denn dagegen wehren? Klar, der Verstand wird erklären, dass dies niemals so sein wird, dass alle Unternehmer irgendwann so menschlich und so weise sein werden. Zu groß sei ihre Gier nach Geld, Ruhm und Macht etc. Aber ich wage zu behaupten, dass es nichts transformierenderes gibt als eine Idee, deren Zeit gekommen ist. Und die Zeit für ein neues Unternehmertum ist bereits angebrochen. Möglicherweise noch nicht so sichtbar, aber der ‚Ventilator' ist bereits am herunterfahren! Langsam wird es schon da und dort sichtbar und dieser Prozess ist nicht mehr aufzuhalten. Diese neue Form der Weltwirtschaft befindet sich bereits im Prozess der Formwerdung. Wie ein Ventilator, dem man den Stecker rausgezogen hat. Er wird nicht mehr schneller werden, im Gegenteil! Und genauso ist nicht mehr aufzuhalten, was bereits in Gang gekommen ist.

Wenngleich meine heutigen Worte für die meisten noch etwas utopisch und unrealistisch erscheinen, die Zeit wird mir Recht geben. Möglicherweise bin ich dann längst schon gestorben, aber die Zeit interessiert das nicht, sie wird kommen. Und sie wird auch kommen, ob wir es wollen oder nicht, denn es handelt sich hierbei um einen höchst überpersönlichen Aspekt des Seins. Da fällt der Wunsch des Einzelnen nicht mehr so ins Gewicht. Aber, ich will hier nicht einfach nur Recht haben, sondern für Dich einen Weg aufzeigen und möglich machen, wie Du Dich am besten auf die Zukunft vorbereiten und Dein Leben in einen einzigen Erfolg verwandeln kannst. Dies war schon immer der große Vorteil für alle, die zum richtigen Zeitpunkt am richtigen Ort gewesen sind, dass man ein Gefühl für die Tendenz der Zukunft, hat. Diejenigen aber, die über diese Fähigkeit nicht verfügen, werden natürlich folgendes sagen: „Die hatten eben Glück.“ Aber so etwas wie ‚Glück' existiert nur in der Phantasie von Versagern. Glück ist nicht etwas, was von irgendwoher kommt oder eben nicht, sondern Glück ist etwas, was man erschafft oder eben nicht. Es wäre daher nicht unklug zu wissen, wie man ‚Glück' erschafft, oder? Aber dazu komme ich später.

Nun aber zurück zum ‚Geld'. Geld ist zunächst also – ganz neutral gesehen – einfach mal ‚Energie'. Eine Energie, welche sich in jeder beliebigen Form äußern kann. Aber diese Energie benötigt, um in dieser Welt in irgendeiner Form manifest werden zu können, einen Transformator. Und was glaubst Du, wer ist wohl der Transformator der Energie, welche sich in Form Deines Alltags manifestiert? Genau, kein geringerer als: Du selbst!

Du willst erfolgreicher und glücklicher sein und Deine Grenzen überwinden, dann wisse folgendes: Bewusstseinserweiterung kann nur dort geschehen, wo Grenzen sind. Es ist also zu erwarten, dass ich Dich an Deine Grenzen bringen werde und immer, wenn dies geschieht, liefert Dein Verstand gute Gründe dafür, weshalb es besser wäre, dieses Buch zur Seite zu legen. Das ist eine Grenze und jedes Mal, wenn Du Dich an so einer befindest, gilt es, Dich zu entscheiden. Du wirst also immer wieder mal entscheiden müssen, ob Du weitermachst oder nicht. Denke dabei einfach stets daran, dass Du Dich nicht für meine Lebensweise oder dagegen, sondern für oder gegen Dein Glück entscheidest, jedes einzelne Mal.

Für jegliche Art der manifestierten Energie gilt, wie auch für Geld, Folgendes: Um es zu bekommen, musst Du Dich schon bevor Du es hast, genau so fühlen, wie Du Dich fühlen würdest, wenn Du es schon hättest. Man wird nicht reich und fühlt sich dann so! So funktioniert das nicht! Du fühlst Dich so, in diesem Beispiel also ‚reich', schon bevor Du es faktisch bist. Dann beginnt es, sich zu manifestieren. Jetzt gilt es, dieses Gefühl halten zu können bis es sich vollends manifestiert hat. Hier scheitern alle, bei denen das Gefühl des Reichtums und der Fülle nicht echt gewesen ist. Daher gilt es, einen Weg zu finden, wie man echte Gefühle erzeugen und aufrechterhalten kann. Aber darauf kommen wir später...

Macht

Wenn ein Mensch nach Geld strebt, weil er glaubt, dass dieses ihn glücklich machen wird, der steuert auf eine überraschende Erkenntnis zu. Denn Geld wird ihn nur kurz befriedigen und dann merkt er, dass ihm immer noch etwas fehlt. Zunächst wird er denken, dass er noch mehr Geld haben müsste, nur um zu entdecken, dass es weder jetzt noch sonst irgendwann genügt, um das fehlende Glück zu vervollkommnen. Irgendwann wird er entdecken, dass es da noch etwas, etwas viel wertvolleres, gibt. Nämlich: Macht. Dass Macht ein noch schärferes Instrument ist als Geld, dies bemerken die meisten jedoch zu spät. Daher wäre es durchaus vernünftig, zu lernen, was gegen den Missbrauch solcher Instrumente immun macht. Und man sollte sich erst dann diesen Kräften aussetzen, wenn man sicher ist, dass man ihnen nicht zum Opfer fällt.

Es gibt nur ein vorbeugendes Heilmittel zur Immunisierung gegen solche Kräfte: Charakter! Geld und Macht können vieles bewirken, aber einen Charakter können sie Dir nicht geben. Was sie aber mit Sicherheit tun werden, ist: den bereits vorhandenen Charakter zu potenzieren. Geld zum Beispiel verdirbt nicht – wie man so zu sagen pflegt – den Charakter, sondern es macht diesen nur sichtbarer. Jedes Geld und jede Kraft ist immer nur so schmutzig wie die Hände, in welchen es sich befindet. Alles Schlechte, das bisher mit Geld- oder Machtmissbrauch gemacht wurde, ist das Resultat von scharfen Instrumenten in den falschen Händen. Wer dort noch nicht gewesen ist, unterschätzt deren Gefahr in der Regel bei weitem. Geld und Macht sind immer etwas Erwünschtes – vor allem für jene, welche es nicht haben!

Es ist wie mit dem Ruhm eines Künstlers. Sind der Ruhm und die Aufmerksamkeit und das Geld schneller gewachsen als der Charakter, dann endet es so, wie wir täglich der Boulevard-Presse entnehmen können. Es sind die Geschichten, über welche sich jene ganz besonders freuen, welche neidisch auf den Erfolg eines Anderen sind. Da sie selbst es vermutlich niemals so weit bringen werden wie jene, welche von der großen Bühne wieder hinuntergefallen sind, ist es wie Balsam für das Ego jener, welche es vermutlich nie auf eine selbige schaffen werden. Es ist bloß Schadenfreude und sie ersetzt niemals die eigene Charakterlosigkeit. Würde ein solcher Mensch in die Situation kommen, Geld und Macht zu besitzen, dann nähme dies mit Sicherheit kein gutes Ende. Ein Mensch mit Charakter würde sich niemals über das Versagen eines anderen freuen – nicht mal dann, wenn es ein Erzfeind oder ein Konkurrent wäre. Charaktervolle Menschen bauen ihren Erfolg niemals auf dem Misserfolg Anderer auf! Sie gönnen es jeder Vision, jeder Idee und jedem Unternehmer, erfüllt zu sein. Und sie wissen, dass die Ebene der Erfolgreichen immer genügend Platz für jeden von uns bereithält. ‚Macht' kommt von ‚machen'. Macher sind dadurch mächtig, dass sie etwas bewegen, etwas machen. Und je wirksamer (positiv oder negativ) das, was sie machen, ist, desto machtvoller werden sie. Wissen ist Macht, aber nur dann, wenn man macht, was man weiß! Aber darauf komme ich später noch zu sprechen.

Revolution

Eine Revolution ist Not-wendig geworden. Ja, die gegenwärtige Not und zwar diejenige unseres gesamten Planeten, macht es nötig, dass eine Revolution geschehen muss und auch wird. Ich persönlich befürworte eine friedliche Revolution! Vielleicht bist Du, lieber Leser und liebe Leserin, überrascht, so etwas aus dem Munde eines lebenslangen Unternehmers zu hören, aber ich deutete ja schon an, dass sich einiges ändern wird und schon geändert hat. Bis vor kurzem haben immer bloß die Arbeitnehmer und Steuersklaven revolutioniert. Und vermutlich bin ich der erste, der dies von der anderen Seite her tut. Das ist doch irgendwie cool, ich wollte schon immer mal der Erste sein. (Dies bitte mit einem Augenzwinkern verstehen, danke.) Aber mal ehrlich: Wer von uns möchte nicht in die Geschichte eingehen wollen? Sollte ich es noch erleben, dass sich das neue Unternehmertum durchsetzt, dann freue ich mich schon heute darauf, auf den größten Welt-Management-Kongressen als Ehrengast aufzutreten. Aber gut, Spaß beiseite... Die Unternehmer müssen begreifen und den Mut haben, den Mitarbeitern zu sagen und zu zeigen, dass sie nicht anders sind. Auch Unternehmer sind Menschen! Und die Angestellten sollten endlich ebenfalls begreifen, dass die Unternehmer nicht gegen, sondern für sie da sind. Erst wenn sich die Arbeitnehmer für die Arbeitgeber und diese für die Mitarbeiter einsetzen, dann ist das revolutionär! Wenn ich Che Guevara wäre, dann würde ich diese Revolution auch auf den Straßen anführen und nicht nur auf Papier. Aber gut, das war nur ein Vergleich mit Augenzwinkern. Ich bin kein Krieger, ich bin Unternehmer. Ich muss die Dinge auf den Boden bringen und Ideen aus dem ‚Spirit' zur Manifestation verhelfen. Und in dieser Hinsicht befinde ich mich in einem weit größeren Unternehmen, als meinem eigenen und bin nur ein kleines Rädchen im Getriebe. Aber würde ich diese aller kleinste Aufgabe nicht perfekt ausführen, würde das Große Ganze nicht mehr funktionieren. Ich bin dann also nicht mehr ‚der Boss', aber genau so wichtig wie dieser. Diese Sichtweise schafft jegliches Gefühl von ‚weniger-als-ein-anderer-zu-sein' ab. Ja, es lässt so ein Gefühl gar nicht erst entstehen. Jeder von uns ist da und dort unentbehrlich, mal als Chef, mal als Rädchen im Getriebe oder sonst irgendwo dazwischen. Daher gibt es nur eine Wertigkeit und die trifft auf uns alle zu, einerlei, wo wir stehen, was wir tun und auf welcher Gehaltsstufe wir uns befinden.

Jeder ist unentbehrlich! Natürlich, jeder ist ersetzbar, sagt man

(...). Aber das stimmt nur bedingt! Wenn es bloß darum geht, was einer tut, dann ja. Aber wenn es darum geht, was einer ist, dann nicht. Und wie gesagt, gewöhnt Euch schon mal dran, die Zeiten, wo es nur darum ging, was jemand macht oder nicht, sind vorbei. Das war früher mal entscheidend, stimmt. Aber heutzutage kommt es auch darauf an, was jemand ist und nicht nur auf das, was er kann oder was er hat. Sein ist wieder gefragter denn je. Nicht umsonst heißt es: Glücklich-Sein, Erfolgreich-Sein, Unternehmer-Sein, Putzfrau-Sein, Arbeitslos-Sein, Depressiv-Sein, Reich-Sein, Gesund-Sein usw. Dass man das auch können muss und es auch lernen kann, darauf komme ich noch zurück.

Dass etwas geändert werden muss, das ist klar, die Frage ist daher eher folgende: Wer soll dies tun? Du ahnst es schon, oder? Genau, Du! Und wie könntest Du das machen? Dies ist natürlich eine rhetorische Frage und es kommt natürlich darauf an, ob Du Unternehmer bist oder nicht. Aber eins ist klar, wenn Du denkst, dass der andere zuerst damit anfangen soll, dann wird nie eine Revolution geschehen, zumindest nicht in Deinem Leben. Und übrigens: Mit Sich-Beklagen, hat noch keiner viel zustande gebracht! Meckern scheint nämlich zum Volkssport geworden zu sein. Wenn die, welche gute Ideen hätten nur meckern würden, dann würden logischerweise die mit den schlechten Ideen in der Unternehmerposition sein. Aber wenn Du eine wirklich gute Idee hast, dann verwirkliche sie! Öffne Dich und lass Dich unterstützen. Teile Deine Vision mit anderen und tue etwas. Gib nicht auf bis Du Dein Ziel erreicht hast, gib alles, gib 100 % und Du wirst staunen, wie großzügig das ‚Universum' Dich immer besser unterstützen wird. Es werden sich Türen öffnen, von denen Du nicht einmal im Entferntesten vermutest, dass sie überhaupt existieren. Wenn Du ‚Wunder' erleben willst, dann wäre dies genau Dein Weg. Die Welt ist kein Wartesaal, sondern ein Handlungsraum und eine Manifestationsebene für alles, was man sich vorstellen kann. Die einzigen wirklichen Grenzen, die bestehen, sind jene Deines Verstandes. Sobald Du an Deine Vision glauben kannst und zwar zweifelsfrei, wird sie sich auch manifestieren können.

Das ist Metaphysik! Oder anders ausgedrückt: Dir geschieht nach Deinem Glauben. Diese Aussage hat ursprünglich keinen religiösen Hintergrund. Sie meint genau das, was sie sagt. Glaube – und damit ist überzeugt sein gemeint – erschafft Realität. Dies ist eine beinahe wissenschaftliche Feststellung, welche in naher Zukunft zum Standardwissen gehören wird. Du würdest staunen, wie viele Erfahrungen Deines Lebens einzig und alleine deswegen möglich gewesen sind! Daher wird die Bewusstseinsforschung in Zukunft auch einen sehr prominenten Platz im Leben eines jeden von uns einnehmen. Denn wer will, dass sein Leben funktioniert, der wird nicht darum herumkommen, die wirkenden Gesetzmäßigkeiten, welche zwischen ‚Spirit' und Materie interagieren, zu studieren. Dass dies für uns alle möglich ist, darauf komme ich ebenfalls später noch zurück.

Der Unterschied zwischen erfolgreichen und „miss-erfolgreichen“ Menschen

Ich beziehe mich in diesem Abschnitt auf eine spannende Forschung von Thomas C. Corley auf der Basis der Arbeit von ‚Business Management Degree’ die ich mal im Netz gefunden habe.

Thomas C. Corley hat sich fünf Jahre lang mit den täglichen Aktivitäten und Verhaltensweisen von reichen und armen Menschen beschäftigt. Es waren genau 233 Reiche und 128 Arme, er hat all seine Erfahrungen detailliert in einem Buch aufgeschrieben. Als „reich“ definiert er Menschen, die über ein Jahreseinkommen von 160.000 US-Dollar oder mehr und über ein liquides Vermögen von 3.2 Millionen US-Dollar oder mehr verfügen. „Arm“ sind in seinen Augen Menschen, die ein jährliches Einkommen von weniger als 35.000 US-Dollar haben und ein Vermögen von unter 5.000 US-Dollar besitzen. Soviel zum Hintergrund der Studie.

Helikopter, Sterne-Hotels, Chauffeur. Erfolgreichen Menschen wird nachgesagt, dass sie besonders fleißig, diszipliniert und strebsam sind, wenn nicht gar intelligenter. Ich würde sagen ‚gescheiter’ aber mit Sicherheit ist es spannend zu sehen, woran es wirklich liegt und was genau die Reichen anders machen als die Armen. Sehr spannend und äußerst wissenswert ist auch die unterschiedliche Erziehung der Kinder, wie Ihr gleich sehen werdet ...

Der Autopilot

Was Corley immer wieder in den Vordergrund stellt, sind die Angewohnheiten, die durch das ständige Wiederholen von Gedanken in unserem Gehirn automatisiert ablaufen – Unserem

Autopiloten. Neurowissenschaftliche Studien haben nachgewiesen, dass es sich um einen Anteil von über 90 Prozent (!) handelt, die Angewohnheiten an unseren täglichen Aktivitäten ausmachen. Diese Gewohnheiten lassen sich in „Rich Habits“ und „Poverty Habits“.

Sind reiche Menschen schlecht?

Gemäß der Studie sind die reichen Menschen alles andere als Mafiosos. Reiche Menschen machen gerne viel Sport, haben spießige To-Do-Listen, sind sozial, stehen früh auf, lesen gerne, essen weniger Junkfood und glauben, dass gutes Verhalten gute Ergebnisse im Leben bringt. War da nicht noch so was wie eine Mittelschicht? Die hätten wir fast vergessen – Sie schrumpft und schrumpft!

Fünf Jahre Forschungsarbeit

Er hat sich fünf Jahre lang mit den täglichen Aktivitäten und Verhaltensweisen von reichen und armen Menschen beschäftigt. Es waren genau 233 Reiche und 128 Arme, er hat alle seine Erfahrungen detailliert in einem Buch aufgeschrieben. Als „reich“ definiert der Autor Thomas C. Corley Menschen, die über ein Jahreseinkommen von 160.000 US-Dollar oder mehr und über ein liquides Vermögen von 3.2 Millionen US-Dollar oder mehr verfügen. „Arm“ sind in seinen Augen Menschen, die ein jährliches Einkommen von weniger als 35.000 US-Dollar haben und ein Vermögen von unter 5.000 US-Dollar besitzen.

Erledigungs-Blockaden besiegen!

Eine täglich gepflegte To-do-Liste ist eines der wichtigsten Werkzeuge, die Reiche führen, um Erledigungsblockaden zu verhindern, um ihre Ziele zu erreichen und die Kontrolle über den Tag zu behalten. Rund 75-85 Prozent der Punkte auf dieser Liste sollten pro Tag erledigt werden.

Die Wohlhabenden verstehen, dass Erledigungsblockaden und Aufschiebe-Verhalten zu einer fehlerhaften Produktivität führen, woraus eine Unzufriedenheit bei den Kunden, Klienten und Mandanten, zu Rechtsstreitigkeiten und im schlimmsten Fall ein Verlust der Kundschaft entstehen kann. Kurz gefasst bewirkt eine Erledigungsblockade einen Verlust von Einkommen.

Wichtige Dinge sollten nicht aufgeschoben, sie sollen priorisiert werden.

Zielgebundene To-do's

Diese täglichen Aufgaben werden an monatliche, jährliche und längerfristige Ziele gebunden. Sie sind fast immer naturgebunden, sprich: Sie wiederholen sich regelmäßig. Das können bereits zehn einfache Telefonmarketing-Anrufe sein.

Nicht-zielgebundene To-do's

Diese Aufgaben sind vom Ziel unabhängig. Das können administrative Aufgaben sein, wie E-Mail beantworten, Klienten treffen oder tägliche Verpflichtungen, wie zur Bank gehen. Diese Aufgaben können festgelegt sein, täglich stattfinden oder variieren.

Warum sind Kinder von Wohlhabenden erfolgreicher?

Zuerst einmal nicht deswegen, weil sie reiche Eltern haben die ihnen alles bezahlen!

Im Zuge der „Rich Habits Institute study“ präsentiert Tom Corley Fakten die kaum überraschen, nämlich:

Wohlhabende, erfolgreiche Eltern lehren ihren Kindern bestimmte Erfolgs-Angewohnheiten „Rich Habits“, die ihnen viele Vorteile im Leben bringen.

Arme Kinder kommen aufgrund der häuslichen Erziehung nie in den Genuss dieser, was sie im Leben bremst. Die von den Eltern überbrachten „Poverty Habits“ manifestieren sich bereits im Klassenzimmer und bestehen über das Berufsleben hinaus. Daraus resultieren ein geringerer Lohn, geringe Lohnzuwächse und nur wenige Boni, wenn überhaupt. Corley sieht eine Teilschuld in den Politikern, die den Grund der klaffenden Lücke zwischen arm und reich nicht in der Erziehung der Eltern erkennt. Die aus ärmeren Verhältnissen stammenden Kinder sollten die „Rich Habits“ erlernen, um im Leben voranzukommen. Da sind zum einen die Eltern in der Pflicht und zum anderen besonders das Bildungssystem, welches an der falschen Stelle spart.

Wie wir jedoch wissen, ist dies kein Zufall oder Nicht-Erkennen des Wesentlichen sondern, Absicht. Die reine, pure schlechte Absicht.

Die meisten Multimillionäre sind übrigens Männer. Nur ca. 10 Prozent sind Frauen. Frauen scheinen also stärker unter „Poverty Habits“ zu leiden als Männer.

Stand 2013 gab es 31'680'000 Millionäre und 1'426 Milliardäre. Der reichste Mensch der Welt heißt übrigens Carlos Slim Helu. Ich bin sicher Du hast noch nie von ihm gehört, stimmt's? Er ist ein libanesischstämmiger mexikanischer Unternehmer der Telekommunikationsbranche. Das nur so nebenbei.

Schauen wir uns mal eine kleine Gegenüberstellung an die schon einiges klar macht:

Rich Habits (Angewohnheiten von Reichen)	Reiche	Arme
Haben eine To-Do-Liste	81%	9%
Stehen 3 Std. vor der Arbeit auf	44%	3%
Hören unterwegs Audiobooks	63%	5%
Networken mehr als 5 Std./Monat	79%	16%
Lesen mehr als 30 Min./Täglich	88%	2%
Lieben es zu lesen	86%	26%
Machen 4 x/Woche Gymnastik	76%	23%
Max. 1 Std. oder weniger TV/Tag	60%	23%
Davon Reality-TV	5%	78%
Schreiben ihre Ziele auf	67%	17%
Konzentrieren sich auf spezifische Ziele	80%	12%
Glauben an den Wert lebenslanger Weiterbildung	86%	5%
Glauben, dass gute Gewohnheiten ebensolche Möglichkeiten erzeugen	84%	4%
Glauben, dass schlechte Gewohnheiten negative Folgen haben	76%	9%
Bringen ihren Kindern gute Gewohnheiten bei	74%	1%
Bringen ihren Kindern bei mind. 10 Std./Monat ehrenamtlich zu arbeiten	70%	3%
Ermuntern ihre Kinder mind. 2 Sachbücher / Monat zu lesen	63%	3%

Selbstverständlich gehe ich davon aus, dass Du diese Zahlen und Hinweise auf Dich selbst überträgst. Schauen wir uns nun mal die Kindererziehung bei armen Menschen an:

- Von 100 Eltern bringt gerade mal eine Familie ihren Kindern gute Gewohnheiten bei!

- Lediglich 3 Elternpaare inspirieren ihre Kinder dazu ehrenamtliche – also unbezahlte – Arbeiten zu verrichten
- und Sachbücher zu lesen.

Also mich wundert gar nichts was da auf uns zu kommt wenn wir unsere Arbeit für die Menschen nicht unablässig vorantreiben. Die Mittelschicht übrigens verschwindet rapide von der Bildfläche! Was bedeutet das für uns? Es bedeutet, dass wir uns schnellstens entscheiden müssen, auf welcher Seite des Spiels unser Leben stattfinden soll!? Die meisten von uns sind Mittelstand. Und wenn dieser verschwindet, bleiben nur zwei Möglichkeiten offen: Reich oder arm. Also wirklich reich oder wirklich arm!

Wenn Du Dich selbst betrachtest und Du bemerkst, dass Du innerhalb der letzten Monate kein Buch gelesen hast, Du nie früher aufstehst oder später schlafen gehst als früher als notwendig, dann höre die Glocken! Und wenn Du mehr als 1 Stunde pro Tag fernsiehst, dann wundere Dich nicht wenn Dein Erfolg den Bach runter geht. Aber wie schon oft gesagt, das muss jeder für sich selbst entscheiden, womit er seine Lebenszeit verbringt. Noch spannender wird es, wenn wir uns gleich die entsprechenden Glaubens- und Verhaltensmuster der Menschen ansehen...

Glaubens- und Verhaltensmuster

Um reich zu werden muss man intelligent sein	87%	10%
Das Schicksal entscheidet über arm und reich	90%	8%
Reiche Menschen sind fleißig, authentisch und ehrlich	5%	78%

Ich werde in meinem Leben sehr erfolgreich sein	13%	63%
Für finanziellen Erfolg ist Kreativität sehr wichtig	11%	75%
Menschen die viel Geld haben sind meist Gauner	77%	15%
Genetische Veranlagung ist entscheidend für Erfolg	80%	6%
Für Erfolg ist Optimismus signifikant wichtig	22%	64%
Reichtum ist Zufall, Glück oder schlicht Betrug	72%	4%
Tägliches Fokussieren auf eigene Ziele ist essentiell	6%	62%
Es ist wichtig seine Ziele schriftlich festzuhalten	17%	67%
Ein Plan für den Tag auszuarbeiten ist unerlässlich	3%	73%
Lotto spielen kann ernsthaft mein Leben verbessern	77%	6%
Mehr als 2 Stunden Fernsehen pro Tag sind kein Problem	79%	14%
Sportwetten können mir mein Leben finanzieren	52%	7%
Überwachung der eigenen Bonität (Zahlungskraft) ist elementar	5%	72%
Mit Auto-Leasing kann ich mein Geld sparen	75%	6%
Ich besuche mindestens 2 x pro Woche ein Fast-food-Restaurant	69%	25%
Täglich 30 Minuten oder länger zu lesen ist wichtig	2%	88%
Schriftliches Festhalten der eigenen Lebensziele	17%	67%
Den Fokus auf das zu erreichende Ziel zu richten ist wichtig	12%	80%
Weiterbildung und Lernen lebenslang ist essentiell	5%	92%
An das Gute glauben und stets positiv zu denken	4%	84%
Schlechte Gewohnheiten haben negative Wirkungen	9%	76%
Betreiben mind. je 4x / Woche für mindestens 1 Stunde Sport	23%	71%
Stehen 2 Stunden vor Arbeitsbeginn auf	3%	65%
Hören Hörbücher während Autofahrten oder Reisezeiten	5%	63%
Pflegen 5 Stunden oder mehr pro Monat ihre Netzwerke	16%	79%

Lieben es zu lesen / Sind wissbegierig auf Neues	12%	81%
Sorgen für guten Schulunterricht ihrer Kinder	7%	74%
Machen mindestens 10 Stunden pro Monat ehrenamtliche Arbeit	3%	70%
Konsumieren jeden Tag Reality-TV oder Serien	81%	6%
Haben feste Ansichten die sie auch harsch vertreten	76%	12%
Glauben, dass sie alles selbst am besten können	89%	7%

Und wenn Du jetzt noch weißt, dass mein zentraler Blick in meinen Forschungen und Trainings genau darauf ausgerichtet ist, ebensolche Glaubenssätze zu löschen und neue, hilfreichere korrekt und wirksam in unserem Bewusstsein zu installieren, dann wird es Dich nicht überraschen zu hören, dass ich, in meinem Business, in jeder Hinsicht erfolgreich bin. Und zwar schon seit über 40 Jahren.

Ich sage das bloß zu Deinem Besten, denn ich würde Dich gerne an meinem Wissen und meiner Erfahrung teilhaben lassen. Nein, nicht nur um an Dir zu verdienen, sondern um es auch Dir zu ermöglichen, denn meine Vision ist nicht Geld, sondern eine friedliche und glückliche Menschheit in welcher alle Menschen glücklich, erfolgreich und gesund sind.

Anbiederung biedert alle an

Was keinem gefällt und auch keiner je tun würde, der sich über seinen eigenen Wert im Klaren ist, ist: Sich anzubiedern. Das fühlt sich auf beiden Seiten nicht gut an. Das Gravierende dabei ist jedoch, dass man dadurch mehr und mehr die Achtung vor sich selbst verliert. Und ein Mensch, der keine Achtung mehr vor sich selbst hat, der wird auch nie einen anderen wirklich achten, schätzen und respektieren können. In Wahrheit nennt man dieses Verhalten Verachtung! Und wer kooperiert schon gerne mit verächtlichen Menschen? Was es wirklich braucht, sind Menschen mit Charakter, Integrität, Achtung, Respekt und Mitgefühl. Anbiederer, Arschkriecher und Schleimer sind echt nirgendwo beliebt. Aber dennoch gibt es sie, sowohl in Unternehmerkreisen als auch auf Arbeitnehmerseite. Daher und aus vorbeugenden Gründen erscheint es mir sinnvoll, zu untersuchen, was einen Menschen dazu bringt, sich einem anderen zu unterwerfen. Nein, es ist nicht Angst, zumindest nicht in erster Linie. Es ist Charakterlosigkeit. Und es ist auch der Glaube, dass man den ‚Lutscher' nur dann bekommt, wenn man lieb gewesen ist. Es ist ein anerzogenes oder übernommenes Verhaltensmuster, welches von Eltern, Lehrern und Anderen mit unterstützt wurde und noch wird. Aber warum ist das so? Weil sie glaubten – und scheinbar tun das viele auch heute noch – dass es der Andere mag, wenn ich mich ihm unterwerfe, dass man eher bekommt, was man will, wenn man jemandem schmeichelt. Solche Verhaltensmuster werden von Menschen am Leben erhalten, welche es selbst lieben, wenn sich andere ihnen unterwerfen! Sie werden es nie ganz nach oben schaffen und tiefer geht es nicht – einerlei auf welcher Gehaltsstufe sich so jemand befindet.

Schleimer und Heuchler sind, Gott sei Dank, eher selten geworden und es wäre sicher gut für sie, zu erfahren, dass sie nur zur Unterhaltung der Anderen dienen. Sie sind die Narren der Neuzeit, einfach ohne Narrenkostüm. Sie haben es möglicherweise selbst noch nicht bemerkt, aber die Anderen haben sich bestimmt ein Leben lang über sie lustig gemacht. Wenn dies nicht so tragisch wäre, dann würde ich es auch lustig finden. Aber mich berührt es immer, wenn ein Mensch nicht weiß, wie wertvoll er ist. Und als Unternehmer benötige ich zudem aufrichtige und aufrecht stehende Originale, welche sich selbst und daher auch mich respektieren und ja, ich werde es sagen, mich lieben.

Das, was Menschen verbindet, ist immer die Liebe – entweder die Liebe zueinander oder aber die Liebe zu einer gemeinsamen Vision. Im optimalen Falle ist die Vision eines Unternehmens dieselbe wie die Visionen der einzelnen Mitstreiter. Zwei verschiedene Wege zu gehen in derselben Beziehung oder im selben Unternehmen führt früher oder später zu einem Spagat, welcher irgendwann größer wird, als dass man ihn bewältigen kann. Ein gemeinsames Unternehmen ist eher wie ein Tanz, eine Hand findet die andere und alle Schritte sind intuitiv aufeinander abgestimmt. So macht es Spaß und so wird die Verbindung eine dauerhafte und erfolgreiche sein.

Aber da waren ja noch die Muster der Vergangenheit – jene, welche wir uns in der Kindheit zugelegt haben, um in Kontakt mit den Eltern zu bleiben. Es kommt einfach nicht gut, wenn erwachsene Menschen mit ‚Daumen nuckeln', Schmeicheln und Unterwerfung oder mit Quengeln um Sympathie buhlen. Und für Unternehmer kommt so ein Verhalten erst recht nicht in Frage. Wer würde schon jemand ernst nehmen, der sich als Erwachsener so benimmt? Wenn wir schon erwachsen sind, so sollten wir uns auch dementsprechend benehmen. Es reicht eben nicht, wenn nur der Körper reift und wächst – auch das Innere muss reifen, Innen und Außen müssen übereinstimmen. Ansonsten darf man sich nicht wundern, wenn es mit dem Leben nie so richtig klappt.

Die Zukunft ist also eine Zukunft für Erwachsene und gereifte Menschen, welche den Kinderschuhen entstiegen sind. Und wenn die Erwachsenen auch erwachsen sind, dann entsteht gleichzeitig auch Raum für Kinder. Ein Raum, in welchem auch die Kinder noch Kinder sein können und auch sollen. Kinder sind sehr wichtig für unsere Gesellschaft und auch für unsere Unternehmungen. Daher ist es besonders wichtig, sich schon jetzt zu überlegen, ob aus unseren Kindern Arbeitssklaven oder Unternehmer, Erwachsene mit unternehmerischem Denken hervorgehen sollen oder nicht. Die Weichen müssen gestellt werden bevor der Zug abgefahren ist. Zumindest würde dies die Angelegenheit sehr erleichtern.

Dies gilt auch für ein Unternehmen. Wenn von Anfang an klar ist, wohin es gehen soll, dann ist dies um einiges einfacher, als wenn ein bereits bestehendes Unternehmen neu strukturiert werden muss. Denn da besteht immer die Gefahr, dass sich Gewohnheit und auch Bequemlichkeit bereits eingenistet haben. Dies sind sehr träge Kräfte, welche sich nicht förderlich auf ein Unternehmen auswirken. Sie bremsen jegliche Innovationen und stehen allem Neuen äußerst skeptisch gegenüber. Können die Betroffenen diese Bequemlichkeit und Trägheit nicht überwinden, so muss sich das Unternehmen unbedingt von ihnen befreien. Ich weiß, das klingt hart, aber es ist das Beste für alle und vor allem für das Unternehmen selbst. Es ist wie mit einer Früchteschale. Sobald sich eine faule Frucht in ihr bemerkbar macht, muss man diese sofort entfernen, ansonsten werden bald die ganze Schale und alle Früchte verdorben sein. Das ist nicht skrupellos, wenn ein Unternehmer so handelt, sondern logisch und lebenswichtig für die Unternehmervision und letztlich auch heilsam für die Arbeitnehmer.

Aus der Sicht des Unternehmers

Wie kommt es eigentlich, dass große Unternehmen die größten Probleme fast ausschließlich mit ihren Arbeitnehmern haben? Missgunst! Ja, der Angestellte missgönnt dem Arbeitgeber seinen Erfolg. Das ist zwar widersinnig, weil das Unternehmen ja auch das Leben der Mitarbeiter finanziert, aber es ist leider noch vielerorts gang und gäbe. Mehr und mehr Ressourcen des Unternehmens werden dadurch jedoch von den ursprünglichen Zielen weg geleitet und in Diskussionen mit unzufriedenen Angestellten verschwendet. Ja, ich sage verschwendet. Warum? Weil unzufriedene Arbeitnehmer prinzipiell unzufrieden sind und somit niemals wirklich zufrieden gestellt werden können. Werden sie nicht aus dem Unternehmen entlassen, dann vergiften sie die Atmosphäre und gefährden somit, nicht nur für sich, sondern auch für die anderen Mitarbeiter das Auskommen. Neidische Angestellte sind also eine große Bedrohung, nicht nur für neue und kleinere, sondern auch für bereits ältere und große Unternehmen. Was hier geschehen ist, ist folgendes: Die Dankbarkeit ist verschwunden. Wir könnten jetzt natürlich mit der Diskussion beginnen, wer denn zuerst damit angefangen hat, die Unternehmer oder die Mitarbeiter. Bestimmt war es mal so und mal anders. Es sind natürlich immer beide Seiten betroffen und beide Seiten sind Verursacher in irgendeiner Weise. Aber mit Schuldzuweisung ist ja noch keine Lösung vorhanden... Ich frage mich: Warum sollte ein Unternehmer, der schließlich die Idee geboren hat und die Gesamtverantwortung trägt, nicht auch mehr verdienen dürfen? Angestellte sehen immer bloß das unterschiedliche Lohnkonto, das Geschäftsauto und das Häuschen mit Swimmingpool des Chefs. Sie sehen nicht, dass dieser bisweilen mit Sicherheit das Doppelte an Arbeitspensum verrichtet und so gut wie nie dazu kommt, seinen Swimmingpool auch zu benutzen. Angestellte jammern über die hohen Steuern und blenden vollkommen aus, dass der Unternehmer ein Mehrfaches – über die gewaltigen Steuern, die er zu bezahlen hat – zum Gemeinwohl beiträgt als viele, viele Arbeitnehmer zusammengenommen. Klar, nicht jeder Mensch fühlt sich dazu geboren, sein Leben voll und ganz einer Vision und somit seinem Beruf – welcher für den Unternehmer eine Berufung ist – zu verschreiben. Das ist auch in Ordnung. Es ist aber nicht in Ordnung, unzufrieden mit Wenigem zu sein, wenn man eben diese Bereitschaft nicht hat. Beides ist gleichwertig, aber jedes Tun erzeugt seine eigenen Konsequenzen. Und mehr Geld zu verdienen, hat überhaupt nicht nur wünschenswerte Folgen!

Ein gescheiterter Unternehmer findet zum Beispiel viel schwieriger einen neuen Job, als ein Angestellter und nachdem die Boni' – welche mitunter sehr groß gewesen sein können – aufgebraucht sind und das sind sie schnell, dann hat ein Unternehmer in der Regel viel mehr zu verlieren als ein Arbeitnehmer. Und wer will Dich schon engagieren, wenn Dein bisheriger Lebenslauf mit einem Bankrott geendet hat?

Ich bin nicht für die einen und gegen die anderen, bitte versteht mich nicht falsch, ich bin einfach dafür, dass man immer beide Seiten betrachtet! Denn nur so bekommt man Verständnis für die andere Partei und nur in gegenseitigem Verstehen können zufriedenstellende Lösungen erarbeitet werden.

Damals, vor über 30 Jahren, als ich mit meiner Ausbildung begann, war es schwer, sehr schwer, überhaupt eine Lehrstelle zu finden. Meist gelang dies nur durch persönliche Kontakte und aufgrund gewisser Sympathien gewisser Menschen und Unternehmer, welchen es ein Anliegen war, dass so viele Jugendliche wie möglich, trotz der schlechten Wirtschaftslage, eine Chance bekommen. Ich war daher vom ersten Tag an sehr dankbar, eine solche Chance zu bekommen und es wäre mir nie in den Sinn gekommen, mich unglücklich zu fühlen, bloß weil mein Chef mehr verdiente als ich. Natürlich wurden die damaligen Umstände von gewissen gewissenlosen Unternehmern ausgenützt und missbraucht, aber nicht von allen. Später dann, als die Wirtschaft wieder florierte, war es fast ein Problem für die Unternehmen, Mitarbeiter zu finden. Aber anstatt glücklich zu sein bevorzugten viele Arbeitnehmer, die Situation ebenfalls auszunützen. Sie forderten mehr Lohn, weniger Steuern, kürzere Arbeitszeiten und bildeten Gewerkschaften um sich gegen die ‚bösen Unternehmer' zu wehren. Nun war es natürlich hinfällig, von einem gemeinsamen Unternehmen zu reden. Vielerorts erkämpften diese Gewerkschaften immer mehr Rechte, wobei sie immer darauf achteten, mit immer weniger Pflichten bedacht zu werden. Ja, das Spiel hat sich einfach gedreht. Bald war es für einen Unternehmer ein Problem, den einstmals angestellten Mitarbeiter auch wieder entlassen zu dürfen.

Das ist vergleichbar damit, wie wenn man zum Arzt ginge und dieser sagt, dass wir einen Virus hätten und diesen aber nicht aus unserem Körpersystem entfernen dürften, um wieder gesund werden zu können. Dies würden wir wohl nie akzeptieren, oder? Erst recht nicht, wenn es um unsere Gesundheit geht, oder? Ja, aber ein Unternehmen kann auch krank werden und auch sterben und es ist legitim zu fragen, weshalb dies denn in Ordnung sein sollte? Klar, es ist ja nicht der Betrieb des Arbeitnehmers, aber er ist genau so auf den Erfolg des Unternehmens angewiesen wie der Unternehmer selbst. Wie im Körper, sind die Leber, die Lunge, das Herz und jede einzelne Zelle immer auf die Gesundheit jedes einzelnen Organs angewiesen. Alles wirkt sich auf alles aus. Nichts funktioniert isoliert und für sich alleine! Alles ist verknüpft und alle sind aufeinander angewiesen. Und bevor dies nicht erkannt wird und eine Synergie erschaffen wurde, ist ‚richtiger' Erfolg auf der ganzen Linie nicht machbar.

Nun hat sich das Spiel wiederum gedreht, die Arbeitslosigkeit wächst, die Wirtschaft bricht zusammen, obwohl, die Geschäfte gut laufen und die Macht wieder zurück pendelt zu den ‚Bossen'. So, und das Problem ist nun folgendes: Die meisten Unternehmer haben sich zwischenzeitlich leider nicht die Mühe gemacht, sich selbst, ihre Persönlichkeit und ihr Verständnis für das neue Unternehmertum zu erforschen und zu verfeinern. Sie sind weder menschlich noch unternehmerisch auf dem Stand der Dinge, leider. Ihr einziges Glück läge in einer globalen Weltordnung in welcher nur noch globale Imperien bestehen könnten. Ich brauche hier wohl nicht zu erwähnen, dass die meisten Unternehmer in jene Liga wohl nie gehören werden. Somit ist auch ihr wirtschaftlicher Untergang vorprogrammiert. Ja, es braucht schon eine ‚Neue Weltordnung' (NWO) aber keine welche von den bisherigen Herrschern in Wirtschaft und Politik orchestriert sein wird. Nicht diejenige also, welche von den Politikern gefordert wird. Eine neue Weltordnung ist nämlich nur dann neu, wenn ihr auch ein neues Bewusstsein zu Grunde liegt! Und dies haben die meisten eben leider verschlafen.

Die gute Nachricht

Die gute Nachricht ist: „Es braucht nun Dich!" Noch nie warst Du, sowohl als Unternehmer, als auch als Arbeitnehmer, gefragter als heute. Und wenn Dir dazu – das neue Unternehmerzeitalter mitzubegründen – noch ein paar Werkzeuge fehlen, dann hole sie Dir so schnell Du kannst. Denn wenn wir jetzt nicht zu denen gehören, welche jetzt damit beginnen, dann werden wir in ein paar Jahren wieder von ganz ‚unten', von Neuem anfangen und lernen dürfen.

Nun, ich weiß ja nicht, wie alt Du bist. Ich bin Ende Fünfzig. Und ich würde den Erfolg gerne auch noch eine Weile nur genießen wollen. Ah... nicht nur die Zeit im Allgemeinen läuft, sondern auch meine Zeit! Dieser gegenwärtige Zeitpunkt ist also ein ganz wichtiger Augenblick in unserem Leben! Entweder wir entscheiden uns jetzt(!) und beginnen augenblicklich damit, die versäumte Entwicklung aufzuholen oder für uns ist es vorbei! Aber darauf komme ich später zurück.

Meine Wünsche

Nun ist der Augenblick gekommen, wo ich Dir meine Wünsche offenbaren möchte. Einverstanden? Stimmt, es ist nicht der geeignete Platz und möglicherweise wird der eine oder andere diesen Abschnitt als Widerspruch auslegen und somit an meiner Qualifikation zweifeln. Aber ich sprach ebenfalls ausführlich davon, dass das neue Bewusstsein, welches nun erwacht, den Mut erfordert, nach seinem Herzen zu handeln und nicht immer nur auf den Verstand zu hören. Und genau dies tue ich hiermit.

Ich wünsche mir:

- Dass meine Zeilen den Weg bis ganz nach oben und bis ganz nach unten finden.
- Dass jeder Mensch verstehen kann, dass jeder Mensch ein Unternehmer ist.
- Dass man mich zu den entsprechenden Kongressen einlädt.
- Dass Unternehmer wie ich ernst genommen werden.
- Dass Du Deine Möglichkeiten ausschöpfst, um mir zu helfen, diese Lektüre unter die richtigen Leute zu bringen.
- Dass zumindest Du den nächsten Schritt machst.

Wachstum

Wachstum wurde zum Glückshormon jedes Unternehmers. Mehr, mehr, mehr. Welche Intelligenz dahinter verborgen sein soll, erschließt sich mir leider nicht. Jedem Idioten (entschuldige bitte meine Ausdrucksweise) wird klar sein, dass Wachstum irgendwo immer begrenzt sein wird. Jedes Wachstum – und das ist schwer anzuerkennen, vor allem dann, wenn man es zu seinem persönlichen ‚Gott' erhoben hat – kommt an eine Grenze. Jedes Wachstum erreicht irgendwann den Punkt der Umkehr. Das ist die Grenze. Hier wird es sich umdrehen und damit beginnen, alles zu zerstören, was es bisher aufgebaut hat. Das natürliche Wachstum an und für sich ist nicht das Problem. Das Problem ist die Gier und die Angst, von welchen die Menschen bisher gesteuert wurden. Daher noch einmal: Charakter oder nicht, dass ist hier die Frage.

Einen Charakter kann man nicht lernen. Aber man kann ihn sich erarbeiten. Man könnte dabei mithelfen, den Schutt, welcher unseren ursprünglichen Charakter bedeckt hat, mit abzutragen. Dies wäre die gegenwärtig sinnvollste Investition – sowohl für bestehende, als auch geplante Unternehmen und Unternehmer.

Investition

Investition ist ein wunderschönes Wort! Nicht wahr? Ich liebe es! Ein investitionsfähiges Unternehmen muss ja erfolgreich sein. Aber Investition heißt auch, dass man sich gut überlegen und gut hin fühlen sollte, worin zu investieren, sich auch wirklich lohnt. Nur eine und zwar die beste, über die gibt es nichts nachzudenken: Die Investition in Dich selbst!

Die Investition in sich selbst, in sein eigenes Wohlbefinden und in seine persönlichen Fähigkeiten ist immer die richtige und auch die erste, welche es zu tätigen gilt. Wer könnte denn wertvoller sein als derjenige, welcher Dein Leben zu bestreiten hat? Du sollst doch schon bald in Deine Mitarbeiter investieren und in Deine Unternehmung, oder? Und wie denkst Du, solltest Du dies tun können, wenn es Dir nicht einmal gelingt, in Dich selbst zu investieren? In Zukunft bedeutet ‚Investition' etwas ganz anderes. Man wird ‚sich selbst' investieren müssen, nicht nur in sich selbst, sondern sich selbst! Wie das geht, darauf komme ich später zu sprechen.

Kostenreduktion – Ertragssteigerung

Kostenreduktion ist nicht nur auf Kosten der Mitarbeiter möglich, sondern auch durch vermehrte Investition in deren Wohl! Glückliche Mitarbeiter werden erwiesenermaßen weniger krank, sie sind zudem produktiver und tendieren darüber hinaus zu freiwilligen Überstunden. Wir würden sie ärgern, wenn wir dies nicht als selbstverständlich verstehen würden. Investieren zeugt von Größe. In seine Mitarbeiter zu investieren, in ihr Glück, dies jedoch zeugt von Weisheit!

Aber Vorsicht, nicht alle mögen es, gefördert zu werden. Denn jemanden wirklich zu fördern, bedeutet eben auch, sie zu fordern. Nur offene, mutige, neugierige und intelligente Menschen trauen sich, sich selbst zu stellen. Die anderen werden sich aussortieren. Dass ist auch gut so, denn Dein Unternehmen benötigt selbstbewusste, intelligente, mutige und vor allem glückliche Mitstreiter! Und da in Zukunft Geschäfte wieder auf echten Werten basieren werden, werden auch nur die Besten erfolgreich sein können. Und die besten sind jene, welche mit sich selbst im Reinen und im Klaren sind. Früher waren die besten jene, welche am besten ‚verkaufen' und am besten reden konnten, in Zukunft jene, welche etwas können und etwas SIND. (Ich habe ‚SIND' großgeschrieben, bewusst, weil ich es auf ‚SEIN' beziehe.)

In Zukunft sind echte Persönlichkeiten gefragt! Und diese hat man oder man hat sie nicht. Wer zu spät bemerkt, was es braucht, um weiter bestehen zu können, dem wird es nicht gelingen, sich schnell in 2 Wochen eine Persönlichkeit zuzulegen. Und mit den früheren ‚Mauscheleien' werden sie nicht mehr durchkommen. Die Leute, welche sich bisher darauf verlassen haben, dass eine Hand die andere wäscht, werden nicht mehr an ihren Positionen vorzufinden sein. Entweder Bist Du was und dann bist Du eine Persönlichkeit mit Charisma oder Du hast bloß was und wirst auf alles wirklich Gute verzichten müssen.

Die Entscheidung liegt also an Dir! Bedenke einfach eins: Durch Abwinken wurde noch keiner erfolgreich. Du kannst natürlich denken, dass dies alles nicht so rasch vonstatten gehen wird, wie ich es hier beschreibe und abwinken, aber ich hoffe, dass Du Dich da bloß nicht täuschst. Klar, Du kannst gerne noch bis zum bitteren Ende auf Deinem sinkenden Schiff bleiben. Ich befürchte aber, dass für die Letzten der Letzten keine Rettungsboote mehr zur Verfügung stehen werden.

Wenn Dir solche Aussagen schon Druck machen, dann lass es lieber bleiben. Denn als Unternehmer der Zukunft wirst Du nicht so empfindlich sein können. Du bist es möglicherweise nicht mehr gewohnt, dass jemand mit Dir wie ich hier, sogar per „Du", so mit Dir spricht als hätte ich keinerlei Respekt vor dem, was Du bisher erreicht hast. Aber das stimmt so nicht, im Gegenteil! Ich habe sehr große Wertschätzung und Respekt für jeden, der in seinem Leben etwas erreicht und vor allem etwas gewagt hat. Aber es schüchtert mich nicht ein und wenn Du glaubst, einem uneingeschüchterten, dafür aber ehrlichen Coach gewachsen zu sein, dann fühle Dich herzlich eingeladen, mit mir in Kontakt zu treten.

Möglicherweise bist Du es nicht mehr gewohnt – oder nicht mehr dazu fähig – ein ehrliches Feedback zu bekommen und anzunehmen. Vielleicht hast Du ein Leben lang Anweisungen erteilt und den unterwürfigsten Respekt Deiner Untergebenen genossen oder das Gegenteil... Aber ich weiß, dass Dir ein aufrichtiges Gegenüber fehlt. Je höher Deine Position ist und je bekannter Du bist, umso mehr. Gut, hier bin ich also. Du bist der Boss! Entscheide selbst, ob Du für ein solches Experiment offen und dazu in der Lage bist. Noch könntest Du zu den Ersten gehören.

Management

Manager haben einen schwierigen Stand. Sie stehen genau zwischen den Fronten. Das Problem ist, dass die meisten zwar über hervorragende Marketingtools verfügen, aber leider rein gar nichts von Psychologie, Metaphysik oder Philosophie verstehen. Das ‚Selbst-Management' ist leider von den meisten vernachlässigt worden oder komplett untergegangen. Daher sind sie nicht fähig, diese heikle Position auch wirklich auszufüllen. Da helfen kein Doktortitel und auch nicht die allerbesten Beziehungen. Denn hier handelt es sich um ein wichtiges Element, welches ausschließlich durch persönliches Wachstum erlangt werden kann. Aber solche Manager sind sehr rar. Wenn Du in Deiner Unternehmung bereits einen solchen hast, dann schätze Dich überglücklich und tue alles, damit auch er glücklich und erfolgreich ist. Erhöhe seinen Lohn, zeige ihm Deine Wertschätzung und mach ihn zu Deinem persönlichen Freund! Du brauchst nie zu befürchten, dass er jemals nicht integer handeln oder Deine persönlichen Lebensthemen ausplaudern würden. Aber er wird jener sein, der fraglos und uneingeschränkt loyal zu Dir stehen wird, einerlei, was auch immer da kommen mag. Und so jemand in seinem Leben zu haben ist einfach nur bereichernd. Da müsstest Du – jenseits jeglichen Besitzes oder Status – einfach nur noch überglücklich sein!

Wenn dem aber noch nicht so ist – dann glaube nicht, dass Du schon zu alt oder noch zu jung dafür wärst – denn zum erfüllt und glücklich sein ist es nie zu spät und nie zu früh! Wenn Du ein Unternehmer bist, dann nimm Deine Manager an die Hand und kommt vorbei. Es wäre mir eine große Ehre, Dein Unternehmen, Dich und Deine Mannschaft auf dem Weg zu einem der fortschrittlichsten Unternehmen der neuen Zeit unterstützen zu dürfen.

Der Manager und auch der Unternehmer müssen beide über denselben Hintergrund verfügen, nämlich: Wie es ist, ganz unten und auch ganz oben zu sein. Einerlei wo man steht, eines ist klar, je weiter oben man ist, desto achtsamer muss man sein, um nicht zu vergessen, wie es sich auf der anderen Seite anfühlt. Denn dies ist die Verbindung, der Hauptnerv sozusagen, welcher das Ganze Unternehmen zusammenhält. Jedes Unternehmen besitzt eine ‚Hauptschlagader' und wenn diese zerbricht, dann ist alles zerbrochen. Dann ist es nur noch eine Frage der Zeit, bis alles vor sich hin bröseln wird.

Ein guter Manager und ein weiser Unternehmer werden niemals so dumm sein und diesen Lebensnerv vernachlässigen! Ja, ich sagte schon: Je höher man steigt, desto größer werden auch die Herausforderungen. Aber mehr dazu, später.

Verantwortung

Und nun lasst uns bitte zu einem weiteren, extrem wichtigen Punkt vorstoßen: Verantwortung. Verantwortung zu tragen, ist etwas, was die meisten Menschen zwar unbewusst, aber mit größter Perfektion abzuwehren versuchen. Keiner will der ‚Schuldige' sein. Bis auf den erfolgreichen Unternehmer natürlich! Scheinbar wissen die Menschen instinktiv, dass Verantwortung eine große Last sein kann. Daher versuchen sie, diese zu vermeiden. Außer natürlich die erfolgreichen Unternehmer. Denn das ist es, was sie auszeichnet. Ihre Bereitschaft Verantwortung zu übernehmen! Daher möge ihnen jeglicher Lohn in unbegrenzter Höhe von Herzen gegönnt und auch erlaubt sein. Der Angestellte denkt an ‚Schuld' derweil der Unternehmer ‚Verantwortung' denkt.

Schon sehr früh wurde die Menschheit in das religiös-politische Korsett von ‚Schuld und Sünde' eingezwängt. Einmal schuldig gesprochen, hattest Du keine Chance mehr. Die Leute konnten alles mit Dir machen und – sie haben es gemacht. Gefoltert, gerädert, ertränkt, verbrannt oder ans Kreuz genagelt. Kein Wunder, heute will keiner der ‚Schuldige' sein. Aber das Konzept der Schuld ist ein künstlich erzeugtes Bewusstseinsfolterinstrument um die Menschen in ihren Grenzen zu halten. So wie wir es mit den Schafen tun, wir pferchen sie in Gehege ein, mal ein größeres und mal ein kleineres, je nach dem. Natürlich ist ein geistiges Gehege viel wirksamer als jeder Gartenzaun oder Elektrodraht.

Um solchen, künstlich erzeugten Gefängnissen entfliehen zu können, benötigt es nicht nur eine Menge an Wissen, sondern auch viel an Erfahrung und einiges an Feingefühl. Da reicht es bei weitem nicht aus, einen kleinen Weekend-Workshop zu besuchen und ein bisschen in einschlägiger Fachliteratur zu schnuppern. Leider. Aber mal ehrlich, man wird ja auch nicht einfach so und von einem Tag auf den anderen erfolgreich, oder? Dorthin zu kommen, wo Du heute stehst, war mit Sicherheit nicht immer einfach, oder? Und von heute auf morgen ging es wohl auch nicht, hab' ich Recht? Gut, und genau so verhält es sich auch mit dem Erforschen bewusstseinsmäßiger Zusammenhänge und dem Erlangen von Weisheit und Charakter.

‚Schuld' ist ein Unwort, denn es bezeichnet den Zustand von Abwesenheit. Nur jene Menschen können sich schuldig fühlen, welche nicht bereit dazu sind, Verantwortung zu übernehmen. Verantwortung zu übernehmen ist eine große Sache. Es bedeutet unter anderem, dass Du nie mehr einem anderen die Schuld für irgendetwas zuweisen können wirst. Denn damit würdest Du ja sagen, dass der andere verantwortlich ist. ‚Du bist schuld' heißt übersetzt: Du bist verantwortlich. Aber verantwortlich ist immer der, welcher die Situation erlebt. Jeder ist für alles, was er erfährt, verantwortlich. Warum? Weil jeder einzelne der Chef seines eigenen Lebens ist. Und diese Bequemlichkeit aufzugeben – immer sagen zu können ‚die anderen' – übertrifft selbst die Besteigung des höchsten Berges der Welt. Nie mehr eine Entschuldigung! Kannst Du Dir das vorstellen? Tja, dann gewöhne Dich lieber schon mal daran (...).

Wenn Du also quasi eine ‚neue Welt', ein neues Wirtschaftssystem mitbegründen willst, dann ist jetzt die beste Zeit dafür! Gerade jetzt werden Menschen, Unternehmer und Mitarbeiter gesucht wie nie zuvor. Solche, wie Du einer bist! Und selbst wenn Du alles bisher Mögliche bereits erreicht hast, wenn Du reich, erfolgreich, einflussreich, vielleicht sogar berühmt und glücklich bist, dann präsentiert sich hier – selbst Dir – eine mögliche Steigerung, von der Du bis heute vermutlich nicht einmal geahnt hast, dass eine solche überhaupt existiert. Ja, das ist möglich!

Dieses ‚Etwas', von welchem ich hier spreche, ist das, was sich hinter Deinem Schatten befindet. Und es gibt einen Weg dorthin! Wenn ‚Lucky Luke' derjenige ist, welcher schneller schießen kann als sein Schatten, dann wirst Du jener sein, der schon da ist, wenn sein Schatten erst ankommt. Denk in Ruhe darüber nach. Mein Angebot eröffnet Dir eine bisher vermutlich verborgen gebliebene Welt jenseits jeglicher Bewegungen oder Richtungen wie: Psychologie, Metaphysik oder Esoterik oder sonst was. Dazu aber später mehr.

Charisma

Gut, sind wir also mal ehrlich. Wer von uns wäre nicht gerne charismatisch? Eine Persönlichkeit, unverwechselbar, einzigartig, ein Original einfach etwas hm..., etwas Besonderes? Und Du bist etwas Besonderes! Lass es uns gemeinsam freilegen! Stell Dir vor, Du würdest nur schon damit beeindrucken, dass Du einfach Du bist?! Nicht immer nur deswegen, weil Du so oder so heißt oder dies und jenes erreicht hast oder nur deswegen, weil Du das tust, was Du tust oder hast was Du Hast. Einfach Deiner Ausstrahlung und Deiner Präsenz wegen. Wäre das nicht auch ein verlockender Gedanke? Alleine mit Deinem Sein die Menschen zu berühren, wie es sonst nur ein Musiker mit seinem Instrument oder ein anderer Künstler es mit seiner Kunst zu tun vermag? Und das nur mit Deiner Persönlichkeit, Deinem Wesen?!

Ich wünsche dieses Gefühl jedem Menschen – einfach nur ein einziges Mal das Gefühl, wie es ist, die Menschen um einen herum wirklich zu erreichen und zutiefst in ihrem Innersten, nur damit, so sehr zu berühren, nur ein einziges Mal! Danach – und das kann ich garantieren – ergibt sich alles von alleine. Wenn es auch nur ein Gefühl gibt, welches stärker ist als das Gefühl der Macht, dann dieses Gefühl des Berührt-Seins. Dieses Gefühl degradiert Gefühle wie Macht, Ruhm und Überlegenheit zu absolut entbehrlichen Mini-Gefühlen. Die normalen Gefühle verlieren sich in ihrer eigenen Belanglosigkeit und lässt alles bisher Gefühlte in sich selbst verblassen! Da gibt es nur ein Gefühl – was ich zumindest kenne – welches dieselbe Intensität besitzt: Liebe.

Ich wünschte, es gäbe eine Möglichkeit, so etwas wie eine Pille oder so, womit ich es allen Menschen schnell zeigen könnte. Aber die gibt es leider nicht. Es ist erreichbar, das schon, aber eben nicht auf einem so schnellen Weg. Aber immerhin, es gibt einen Weg. Aber um Dir diesen Weg zeigen zu können, benötige ich als Voraussetzung, dass Du fühlen kannst, wovon ich hier gerade spreche. Du musst erlauben, dass es Dich berühren darf. Denn nur so kommst Du damit in Kontakt und bekommst einen Vorgeschmack davon, wie es sein könnte. Ist mir dies nicht gelungen, dann wird Dir das, was ich sage, nicht weiterhelfen. Du kannst dieses Buch nun also beruhigt zur Seite legen und Deine Zeit für etwas investieren, was Deine Wünsche zu erfüllen verspricht. Ich kann es nicht. Wenn Du mich nicht fühlen kannst, dann kann ich Dir leider nicht behilflich sein. Und wenn mir dies bis hierher noch nicht gelungen ist, dann gib mir eine Chance: Lerne mich kennen und erlebe mich, ein paar Tagen nur, Eins zu Eins und lass es mich persönlich versuchen. Danach wird es klar sein. Denn es gibt nur zwei Möglichkeiten, entweder man liebt mich oder man hasst mich. Beides ist gut. Beides bedeutet nämlich, dass ich den Menschen berührt habe. Gib mir eine Chance und Du gibst sie Dir ebenfalls.

Wer etwas Besonderes sein will, der muss auch einen besonderen Weg beschreiten, oder? Ja, und genau einen solchen biete ich hier an. Manchmal ist dieser Weg auch ein bisschen verrückt, das gebe ich zu. Nicht immer macht alles gleich von Anfang an Sinn und Vieles, von dem, was ich sage, scheint zunächst möglicherweise unlogisch zu sein. Aber so nach und nach öffnen sich die Pforten in Dir und Du wirst den Schein des Lichtes, welches nun durch die ersten kleinen Öffnungen in Deinem Bewusstsein dringt, erblicken können. Und wenn es Dich erreicht und dieses Licht Dich berührt, dann weißt Du, wovon ich hier spreche. Und wenn Du noch nicht versteinert bist und noch Forschergeist in Dir trägst und wenn Du Lust, Zeit und das Geld hast, welches alles benötigt wird, dann wage den Schritt und gib uns eine Chance!

Wir sind erwachsen, wir brauchen uns nichts vormachen und wir müssen uns auch nicht gegenseitig beeindrucken. Wir wissen, dass wir beide einfach Menschen sind. Wir können unsere gemeinsame Arbeit also schon auf einer Ebene beginnen, wo sonst die besten Freundschaften enden. Von Anfang an könnten wir uns wie zwei bewusste, selbstbewusste und mitfühlende Wesen gegenübertreten und alles wertschätzen, was der andere an Erfahrung, Wissen und Sein mitbringt.

Und noch was, wirklich erfolgreiche Unternehmer und auch Unternehmerinnen haben Charisma! Die anderen haben bloß Macht und die ist, das kann ich Dir versichern, sehr, sehr unbefriedigend. Da ist also noch viel, viel mehr zu entdecken!

Warum gebe ich Dir nicht einfach einen Hochglanz-Prospekt?

Weißt Du, ich wusste nicht einmal, dass dieses Buch gerade am entstehen ist, als ich damit anfing, nur einen kurzen Text für meine Trainer und die Ausbilder meiner Trainer zu schreiben. Es sollte nur eine kurze und kleine Lektion bezüglich ‚unternehmerischem Denken' sein. Aber dann kam ich in den vielgepriesenen ‚Flow'. Plötzlich wusste ich, dass es für Dich gedacht ist. Der Sinn der Sache eröffnete sich mir also erst dadurch, dass ich damit angefangen habe. Und so ist das beinahe ständig in meinem Leben. Wege und Sinn entstehen dann, wenn ich sie gehe, ohne zu suchen.

Ja, wir suchen nichts, wir untersuchen bloß! Forschen bringt uns ans Ziel, nicht Suchen. Warum? Weil wir direkt in uns forschen und nicht außerhalb. Denn wie wir ja bereits gehört haben, steht der ‚Spirit' immer über der Materie. Materie ist also der Auswirkung des ‚Spirit' in uns zuzuschreiben und nicht umgekehrt! Der Gedanke ist immer der Anfang einer Realität. Und er ist nichts Festes, nichts Greifbares und trotzdem wirkt er; bewirkt er – und zwar nicht bloß einiges, sondern alles! Die gesamte Materie würde nicht bestehen und nichts würde sich jemals verändern und nichts könnte je erfahren werden, wenn da nicht eine Kraft im Hintergrund wäre, welche dies alles ermöglicht. Du kannst diese Kraft nennen wie Du willst: Energie, Leben, Licht, Gott, Buddha, das Göttliche. Nenne sie wie immer Du möchtest, ich nenne sie einfach: ‚Spirit'. Warum? Ganz einfach, weil alle anderen Namen schon mit vielen anderen Bedeutungen vermischt und geprägt sind. Gut, wenn man ‚Spirit' auf Deutsch übersetzen würde, Geist, dann wäre auch hier die Gefahr groß, dass man ihn mit Gespenstergeschichten vermischen und missverstehen könnte. Daher eben einfach: ‚Spirit'. Und weil es mein Ziel ist, den Menschen zu helfen, sich wieder als freie und auch geistvolle Wesen zu fühlen, wählte ich für meine Schulungen den Namen: Free Spirit®.

Ich habe also nichts gegen die deutsche Sprache, aber ich versuche, für solch' diffizilen Sachen immer den neutralsten Begriff zu verwenden, den ich kenne. Denn nur all zu schnell entstehen aufgrund solcher Kleinigkeiten wie Wörter oft die größten Missverständnisse.

Ich gebe Dir also nicht auch noch einen Prospekt, wie Du ihn schon tausende Male in Händen gehalten hast, bevor Du ihn in den Papierkorb befördert hast. Wie soll ich Dir sagen, dass wir die Besten sind, wenn ich doch genau weiß, dass damit bisweilen die größten Schwierigkeiten zu Tage gefördert werden? Dies wollen wir nicht verbergen, denn wir können damit umgehen und jedes Hindernis gemeinsam überwinden. Aber ist dies alles für einen Prospekt geeignet? Nein, natürlich nicht. Wer würde schon an einem Training teilnehmen wollen, wenn auf dem Prospekt die andere Wahrheit stehen würde? Da würde bei uns da nämlich folgendes zu lesen sein: „Wir entdecken Probleme in Ihnen, von denen Sie selbst bislang noch nichts wussten!“ Käme das gut? Ich weiß nicht so recht (...) hm...?! Und sollte doch jemand aufgrund eines schönen Prospektes den Weg in so eine Bewusstseinsschulung und Bewusstseinsarbeit finden, dann werde ich ihm sowieso zuerst dieses Büchlein lesen lassen. Denn wenn einer diese Zeilen spannend findet und sich für diese Denk- und Lebensweise begeistern kann, dann weiß ich auch, dass wir erfolgreich sein werden. Und wenn ich damit schon eine gute Vorauswahl treffen kann, dann tue ich dies nur all zu gerne. Viel zu aufwändig sind nämlich die Gespräche und Diskussionen, welche folgen werden, nur weil einer nicht versteht, worum es hier überhaupt geht. Nebenbei steigert dies natürlich meine ganz persönliche Erfolgsquote. Was meinem Unternehmen ja nicht unbedingt schadet, oder?

Wie dem auch sei, ich habe an einigen Stellen erwähnt, dass ich nochmals darauf zurückkommen werde und diese Versprechen möchte ich natürlich auch erfüllen.

Worauf ich zurück kommen wollte...

Ich habe überall dort geschrieben, dass ich noch darauf zurückkommen werde, wo es darum geht, dass man Fähigkeiten entwickeln und sich Möglichkeiten eröffnen kann, von denen im Allgemeinen geglaubt wird, dass es sich unserer Macht entziehen würde, so etwas tun zu können. Vielen ist eben nicht klar, dass wir einen solch großen Einfluss auch auf jene Dinge unseres Lebens und Seins haben, von denen sie glauben, dass sie einfach vorgegebene Strukturen, natürliche Begrenzungen oder unveränderliche Gegebenheiten und Umstände sind.

Hierzu darf nicht unerwähnt bleiben, dass viel, viel mehr möglich ist, und die natürlichen Begrenzungen, welche durchaus existieren können, nicht gar so unabänderlich sind, wie allgemein angenommen wird.

Natürlich kann ich hier nun nicht im Detail erklären, wie dies alles zu bewerkstelligen ist, aber ich kann mit gutem Gewissen sagen, dass es möglich ist. Es kann schon sein, dass das eine oder andere etwas komisch, fragwürdig oder schier unglaublich klingt, aber Du kannst versichert sein, dass es keine gute Strategie von mir wäre, Dinge zu behaupten, welche nicht dem entsprechen würden, was ich auch einhalten könnte. Ich sage auch nicht, dass es immer ganz leicht wäre, ich sage bloß, dass es möglich ist. Und hierbei spreche ich aus Erfahrung, nicht nur aus Theorie.

Die Grundlage jedoch, ohne die es nicht funktioniert, ist: Dass Du glauben können musst, dass grundsätzlich alles möglich ist und dass es Mittel und Wege gibt, von denen Du möglicherweise noch nichts weißt oder sie noch nicht angewendet hast. Entscheidend bei der Arbeit mit Bewusstsein ist, dass man es versucht, dass man es untersucht und dass man seine eigenen Erfahrungen damit macht. Eben, Praxis ist besser als Theorie. Außerdem benötigst Du die Offenheit und den Mut, über Deine eigenen Grenzen und Vorstellungen hinauswachsen zu können und es auch zu wollen. Denn eine Gesetzmäßigkeit, welche sich innerhalb der Bewusstseinsarbeit immer wieder in den Vordergrund stellt ist: Dein freier Wille. Diesen betrachte ich daher als höchstes Gut eines Jeden von uns. Der freie Wille ist entscheidend, vor allem, wenn es darum geht, etwas erschaffen zu wollen und nicht immer nur derjenige zu sein, dem etwas widerfährt. Der Mensch ist grundsätzlich schöpferisch veranlagt. Daher verfügt er auch über schöpferische, erschaffende Kräfte. Dass man diese jedoch vor uns geheim halten will, hat wichtige Gründe. Man will einfach nicht, dass sich jeder Mensch frei und unbegrenzt fühlt, denn dann fürchten die Hüter solcher Geheimnisse, dass sie dann bald ein großes Stück des Kuchens an uns verlieren werden. Und dem ist auch so.

Aber Du kannst Dir bestimmt vorstellen, dass Wissen, welches der Menschheit über Jahrtausende vorenthalten und verheimlicht wurde, nicht dem Weltbild entspricht, welches man uns beigebracht hat. Vieles wird zu Beginn unmöglich erscheinen. Unser Verstand wird bis aufs Blut herausgefordert sein und sich immer wieder gegen Neues zur Wehr setzen. Der Verstand fürchtet seine Vorherrschaft in unserem Leben einzubüßen – und dies zu Recht.

Meine weiteren Erläuterungen sollen also dazu dienen, Deine Neugierde noch mehr zu wecken und Deinen Willen zu mobilisieren es wenigstens zu versuchen.

Wie kann ich lernen, das zu denken und auch zu fühlen, was ich will?

Alleine schon die Fragestellung deutet darauf hin, dass es möglich, ist, das zu denken, was man denken will und das zu fühlen, was man fühlen möchte. Dies ist deshalb so wichtig, weil jede Realität, jede Erfahrung auf dem Denken und Fühlen basiert. Hier ein kleines Beispiel, ein kleines Experiment:

Beginne Deinen Tag einmal damit, dass Du Dich über irgendetwas aufregst. Sei also schon schlecht gelaunt, bevor Du aus Deinem Bett aufgestanden bist. Dann stehe auf und kritisiere alles Mögliche und achte nur auf die schlechten Seiten aller Menschen und Situationen, welche Dir an diesem Tag begegnen. Du kannst Dir bestimmt vorstellen, wie Deine Geschäfte an diesem Tag verlaufen werden.

Am nächsten Tag mache genau das Gegenteil! Und am Ende des zweiten Tages analysiere den Unterschied. Aber Vorsicht, ich weiß genau, dass Du schon bevor Du dieses Experiment startest zu wissen glaubst, was dabei herauskommt. Und das mag auch stimmen, aber Du wirst nicht denselben Effekt haben, wie wenn Du es auch wirklich getan hast. Wissen ist Macht, Du erinnerst Dich, aber nur dann, wenn man auch macht, was man weiß. Dies gilt auch und vor allem in Sachen Bewusstseinsforschung. Es geht immer um das tatsächliche Tun, nicht bloß um eine verstandesmäßige Erkenntnis!

Dieses Experiment wird Dir unter anderem deutlich aufzeigen, welch' großen Einfluss Dein Denken und Fühlen auf Dein Erleben ausübt. Wenn Du Dir jetzt vorstellst, dass Du über Wochen, Monate und Jahre ein solches Denken und Fühlen beibehältst, dann viel Vergnügen!

Um verändern zu können, was man denkt und was man fühlt, ist es notwendig, zu untersuchen, wie Denken und Fühlen überhaupt zustande kommen. Ich unterscheide grundsätzlich zwischen folgenden Denk- und Fühlmöglichkeiten: Reaktiv, interpretiert, authentisch und Ich-Bin Fühlen. Zudem gilt es zu wissen, dass unser Denken und Fühlen stark davon abhängen, was wir wie bewerten. Und zudem ist es auch möglich, nichts zu denken. Allerdings ist dies nicht die leichteste Aufgabe, wie Du Dir denken kannst. Aber es ist möglich! Und welche Räume dann entstehen, darüber hast Du im besten Falle in Büchern oder aus Filmen oder Erzählungen sogenannt ‚Erleuchteter' vernommen. Dass diese Realitätsebenen auch für Dich zugänglich sind, dafür möchte ich Dich eben gerade begeistern.

Doch eins schon mal vorweg: Die meisten Menschen und damit meine ich rund 99,99 Prozent der gesamten Menschheit (Babys ausgenommen) verfügen bloß über die Möglichkeit, reaktiv zu sein. Es ist somit also immer möglich, ihr Denken und ihr Fühlen von außen zu steuern. Sie glauben zwar sehr wohl, dass sie dies eigenständig so fühlen und denken und auch das, was sie in der Folge dann tun, erscheint ihnen autonom zu sein, selbstbestimmt. Aber das ist es bei weitem nicht! Und rate mal, wer ist wohl im Vorteil – derjenige, welcher agiert oder jener, der bloß unbewusst reagiert? Gut, die Antwort ist klar. Jetzt gilt es nur noch zu erkennen, dass dies genau so auch auf uns zutrifft. Bist Du an diesem Punkt zu stolz, dann wirst Du nie erfahren, welche Möglichkeiten – jenseits vom Reagieren – sonst noch vorhanden sind.

Der Bewusstseinsmeisterschaft größter Feind ist also entlarvt: Das Ego!

Ich behaupte hier nicht, dass das Ego schlecht sei. Bitte verstehe mich nicht falsch. Ich sage bloß, dass es uns hier im Wege steht. Andernorts kann es natürlich auch sehr hilfreich sein. Aber wenn wir uns hier auf neues Gebiet vorwagen wollen, dann sollte es Dich nicht verwundern, dass da auch andere Gesetzmäßigkeiten am Wirken sind. In der einen Welt kennst Du Dich aus, da fühlst Du Dich sicher und – so scheint es zumindest – dass Du die Kontrolle innehast. Nun, diese Komfortzone, welche eigentlich gar keine ist, gilt es zu verlassen. Dies ist ein ganz besonderer Schritt, da wir ja schließlich ein Leben lange kaum etwas anderes getan haben, als es aufzubauen und es groß und stark werden zu lassen. Ohne ein starkes Ego – welches unsere Persönlichkeit zu ersetzen begann – hätten wir keine Chance gehabt dorthin zu kommen, wo wir heute stehen. Aber jetzt, jetzt ist das Ego an seiner Grenze angelangt. Von hier aus gibt es nur noch entweder ein Vorwärts oder ein Zurück. Entweder vorwärts und die Ersatzpersönlichkeit, genannt Ego, abzulegen oder eben, Ego hochhalten, hier stehen bleiben und somit rückwärts gehen.

Es ist ganz normal, dass Dein Verstand nun bereits nach anderen Möglichkeiten Ausschau hält und auch wenn er keine finden wird, so wird er mit Sicherheit daran festhalten wollen, dass es irgendwo eine solche gäbe. Aber wenn dem so wäre, dann soll Dir Dein Verstand diese auch zeigen! Lass Dich nicht durch seine Hinhaltetaktik von den klaren Fakten abhalten! Verlange von ihm wie von jedem anderen auch, dass er vorlegen kann, was er Dir verspricht. Du wirst sehr, sehr überrascht sein, wenn Du bemerkst, dass der, ach so logische, Verstand viel öfter mit reinen Spekulationen arbeitet als mit klaren Fakten. Wenn wir uns aber dadurch beeindrucken lassen, dass der Verstand behauptet, dass Logik folgendes sei: Eins und Eins ist gleich Zwei. Dann ist es höchste Zeit dafür, das lineare Denken des Verstandes etwas genauer unter die Lupe zu nehmen!

Und wenn Du es genau wissen willst, bevor ich diese Dinge, von denen ich hier spreche, nicht selbst erlebt hätte, ich würde mir schwertun, es zu glauben. Aber wie schon gesagt: Gut zu wissen, dass es dennoch möglich ist. Ja, alles ist möglich, wenn Du es für möglich halten kannst.

Stell Dir bloß mal vor, was geschehen würde, wenn Du Dich in gewissen Situationen plötzlich vollkommen anders verhalten würdest, als man es von Dir erwartet und gewohnt ist. Wenn Du plötzlich nicht mehr vorhersagbar bist. Damit würdest Du alle Menschen um Dich herum mit einem Schlag entwaffnen. Und ehrlich, das macht total Spaß und bringt ungeahntes Neues und jugendliche Lebendigkeit zurück in Dein Leben.

Plötzlich wollen Leute mit Dir ins Geschäft kommen, zu denen Du bislang keinen Zugang hattest und klar, andere suchen das Weite. Hierbei ist es gut zu wissen, dass das, was folgt, immer besser ist als jenes, was vorbei ist. Weil: Das Universum arbeitet immer für Dich! Ja, jetzt wo Du selbst nicht mehr gegen es ankämpfst, kann es sich voll entfalten und ich kann Dir verraten, dass es Dir unglaublich gut gesinnt ist. Wenn wir es doch nur wirken ließen...

Aber über all dem ist es eine Illusion zu glauben, dass man etwas Neues erleben wird, wenn man immer wieder das Gleiche, das Altbekannte tut. Tue etwas Neues, wenn Du neue Ergebnisse erzielen willst!

Hätten wir gelernt, wie Bewusstsein funktioniert und wie man mit seinen Ängsten so umgehen könnte, dass sie sich fördernd auf unsere Ziele auswirken, wären wir vermutlich niemals in einer Misserfolgserfahrung gelandet. Und wenn doch, dann gäbe es wenigstens eine Möglichkeit, aus diesem sich ständig wiederholenden Kreislauf auszusteigen .

Dies war meine zweite Aussage, nach welcher ich auf später verwiesen habe. Genau so, wie man Lesen, Schreiben und Rechnen lernen kann, kann man auch lernen, wie Bewusstsein funktioniert und nach welchen Gesetzmäßigkeiten Realität erschaffen wird. Im Allgemeinen wird uns aber bloß das beigebracht, was uns ein Funktionieren innerhalb der gegebenen Realität unserer Gesellschaft erlaubt. Aber die wirklich wichtigen Dinge, als auch die wirklich großen technischen Errungenschaften, werden dem Gros der Menschheit weiterhin vorenthalten. In dem, was uns an Allgemeinwissen zugänglich ist, wird nicht erwähnt, wie Angst entsteht, wie sie sich im Detail auswirkt und schon gar nicht, wie Ängste zu nutzen und aufzulösen sind. Angst kann ein Leben steuern. Nicht unbedingt in die gewünschte Richtung, dafür aber sehr zuverlässig. Dies ist auch mit ein Grund dafür, dass gewisse Kreise die gesamte Menschheit immer in irgendwelchen Ängsten halten will. Angst macht Menschen wie nichts anderes steuerbar. Ein furchtloser Mensch ist nur schwer zu steuern. Er würde beginnen über Dinge nachzudenken, welche er eigentlich nicht entdecken soll.

Zu behaupten, dass einer von uns frei von jeglichen Ängsten ist, wäre vermessen. Da brauchen wir uns nichts vorzumachen. Umso wesentlicher wäre es zu lernen, was Angst ist, wie sie wirkt, was man alles mit ihr machen könnte, was es mit uns und unserer Realität macht und vor allem, wie man sie auflösen kann.

Es wird auch nicht gelehrt, dass die Realität – welche wir als ‚unser Leben' erfahren – bloß eine von vielen Möglichkeiten darstellt. Realität ist so weit von der Wirklichkeit entfernt, dass die meisten Menschen entschlossen haben, irgendeine Realität (im Normalfall diejenige welche gerade erlebt wird) als Wirklichkeit zu betrachten. Das Problem hierbei ist nicht, dass alle einer Illusion aufsitzen und es für ihr Leben halten, sondern dass man sich kaum je von seinem Lebensbild trennen möchte. Das ist auch verständlich, denn es würde bedeuten, dass möglicherweise unser gesamtes bisheriges Leben auf einer Lüge basiert. Der Verstand mag es nicht sonderlich, zu erkennen, dass er hereingelegt wurde. Er will kein Versager sein. Etwas nicht Sein zu wollen deutet auf was? Genau, auf Angst! Bereits hier schließt sich für die meisten der Kreislauf der Angst und hält sie weiterhin gefangen.

Die größte Angst jedoch, die jemals installiert wurde, durch Bewusstseinsmanipulation übrigens, ist die Angst vor einem ‚Gott' und somit vor dem Tod und damit auch vor dem ‚Jüngsten Gericht'. Nun stelle Dir einfach mal vor, was dies für gewaltige Konsequenzen hat, haben wird und auch hatte. Lies ein paar Geschichtsbücher und Du wirst schnell bemerken, wie massiv die Einwirkung verschiedenster religiöser Ansichten unsere Welt geprägt hat. Und diese Angst, einerlei ob sie bewusst ist oder nicht, eines Tages vor einem ‚Gott' antreten zu müssen und abgeurteilt zu werden, steckt noch in den meisten von uns. Zumindest in all jenen unter uns, welche noch ein Gewissen haben. Für einige ist dies von Vorteil, denn so überdenken sie ihre Taten und gewisse verletzende Handlungen führen sie deshalb nicht aus. Aber für die weitaus größere Anzahl der Menschen bewirkt es bloß, dass sie sich unterdrücken lassen und versuchen bescheiden zu sein – in der Hoffnung, dass sie dann ‚gute' Menschen gewesen seien (derweil einige wenige den Großteil aller irdischen Vorteile fröhlich und unbeschwert zu sich nehmen), uns aber Bescheidenheit predigen. Doch wahre Bescheidenheit ist nicht, wenig zu besitzen, sondern wenig zu brauchen! Besitzen kannst Du so viel Du willst. Besitz alleine ist kein Gradmesser für Bescheidenheit. Allerdings eignen sich solche Konzepte hervorragend dazu den Mangel zu etwas fast schon Heiligem zu machen, sodass es fast schon edel ist in Armut leben zu dürfen.

Es ist äußerst interessant zu erforschen, woher gewisse Binsenweisheiten, wie zum Beispiel die folgenden, kommen und auch, was diese bewirken. Es ist hoch spannend, solche Zusammenhänge zu erforschen und zu durchleuchten, respektive sie ernsthaft zu hinterfragen: „Ohne Fleiß kein Preis." Oder: „Zuerst die Arbeit dann das Vergnügen." Oder: "Lieber den Spatz in der Hand als die Taube auf dem Dach." Oder: „Gott ist mit den Armen und Bedürftigen." Oder: „Es ist leichter, dass ein Kamel durch ein Nadelöhr gehe, denn dass ein Reicher ins Reich Gottes komme." Oder: „Wenn die Not am größten ist, dann ist Gott am nächsten." Ich könnte stundenlang so weiter machen und Du bestimmt auch. Jedes Sprichwort, welches Dir in den Sinn kommt, befindet sich in Deinem Bewusstsein und wirkt sich aus, jedes. Selbst jene welche Du nur mal irgendwo gehört hast, sind drin und wirken sich aus. Auch dann, wenn Du eigentlich gar nicht an sie glaubst.

Das menschliche Gehirn ist eine Speicher- und Schnittstelle von unglaublicher Speicherkapazität. Und wie bei einem Computer, alles was in ihm programmiert ist – einerlei ob der Anwender das weiß oder nicht – wirkt sich aus. Ich denke, dass es bestimmt nicht verkehrt ist, unsere ‚Gehirnfestplatte' einer intensiven Reinigung zu unterziehen, was meinst Du? Eines ist sicher: Schaden wird es wohl keinem, aber nützen würde dies den meisten!

 Ich versprach auch, auf folgendes zurück zu kommen:

„Gegen den Strom der Tendenz seines Bewusstseins anzukommen, erfordert doch einiges an Training. Du kannst damit nicht früh genug beginnen."

Je nachdem, wie Du erzogen wurdest und was Du in Deinem Leben so gelernt hast und auch bedingt dadurch, was Du genetisch in dieses Leben mitgebracht hast, besitzt Dein Bewusstsein Tendenzen. Wer seine Tendenzen nicht kennt oder nicht anerkennt, der kann nie über einen klaren Blick verfügen. Beispiel:

Wenn Du mal ein Erdbeben erlebt hast, dann wird in Zukunft jeder Besuch in Erdbeben gefährdeten Ländern für Dich ganz anders sein als für jemanden, der so etwas noch nie erlebt hat. Einverstanden? Oder: Ein Mensch der lange Zeit Opfer war, dessen Tendenz wird es sein, die Welt und alle seine Erfahrungen aus der Opfersicht zu betrachten. Ein anderer wiederum – einer, der sich selbst als Glückspilz empfindet, sieht dieselbe Welt wohl in einem ganz anderen Licht. Einverstanden? Gut. Bewusstsein bewirkt, dass Energie in Form kommt, daher wird ein Opfer unbewusst immer weitere Möglichkeiten erschaffen um immer wieder aufs Neue Opfer sein zu können. Angst erzeugt wiederum Angst usw. „Wer hat, dem wird gegeben." So heißt es und das bedeutet, dass der Mensch durch das Universum immer mehr von dem bekommt, was er schon in sich trägt. Daher muss die ‚Festplatte' gründlich gereinigt werden. Dies ist, zumindest für mich, einfach nur logisch. Wenn der Mensch – und das behaupte ich – auch ein Resonanzwesen ist, dann ist es von ganz besonderer Wichtigkeit zu wissen und steuern zu können, was man aussendet. Denn es bestimmt das, was wir in unser Leben und somit in unsere Zukunft hineinziehen. Die ganze Welt ist ein Resonanzgebilde.

Insofern entspricht es vermutlich der Wahrheit, wenn ich behaupte, dass die Zukunft nicht festgelegt und mehr noch, sogar von uns selbst erzeugt wird. Und noch was: Wenn dies stimmt, dann ist es genauso möglich, sich eine bestimmte Zukunft nach Wunsch zu erschaffen. So etwas wie Schicksal oder Gottesfügung ist somit hinfällig. Keine Sorge, ich sage nicht, dass so etwas wie ‚das Göttliche' nicht existieren würde, aber ich behaupte, dass es uns unser Leben nicht vorgibt! Es ermöglicht unser Leben, aber es bestimmt es nicht. Jeder Mensch kann wieder frei werden, weil jeder Mensch in seinem Ursprung frei ist.

Tja, auch solche Themen – wenn sie auch unangenehm sind und sie keiner so direkt anspricht – können innerhalb ernsthafter Bewusstseinsforschung nicht ausgeklammert werden. Im Gegenteil! Es ist sogar äußerst notwendig, auch und gerade solche Thematiken anzusprechen und sie auch zu untersuchen. Geld, Sexualität, Religion und Glaube. Alles Tabu-Themen. Und eines wichtiger als das andere! Wenn wir wissen wollen, warum unser Leben so ist wie es ist, dann müssen wir alles untersuchen, einfach alles. Ein seriöses und umfassendes Bewusstseins-Training beginnt immer damit, festzustellen wo man steht, dann woher man kommt und dann wohin man geht. Die Gegenwart wird untersucht, dann die Vergangenheit und dann wird festgestellt, welche Zukunft dementsprechend im Kommen ist – und oder ob sie so erwünscht ist oder nicht. Wenn nicht, dann werden und können die Resonanz- und Erschaffungskräfte, welche bereits in uns vorhanden und am Wirken sind entsprechend geändert werden oder nicht. Die Zukunft ist also der letzte Schritt für den Bewusstseinsforscher und der erste für all jene, welche die Zukunft nur deswegen ändern wollen, weil sie mit der Gegenwart nicht klar kommen.

 „Sich mit Bewusstsein auszukennen ist für den Unternehmer der Zukunft ein Muss!"

Du bist also nicht so, wie Du zu sein scheinst und Dein wahrer, ursprünglicher Charakter will zuerst wiedergefunden und freigelegt werden.

Auch diese Vereinbarung möchte ich nun einhalten und Dir sagen, wie ich das meine. Wenn man damit beginnt, sich selbst zu erforschen, wird man gezwungenermaßen einige Täuschungen entdecken oder ent-decken. Ent-decken ist das Gegenteil von Zu-decken. Daher ist es auch mit Enttäuschung verbunden. Ent-Täuschung. Dies ist meist keine allzu beliebte Abteilung, aber die Beschäftigung damit absolut notwendig. Dein ursprünglicher Charakter wird ja nicht neu erzeugt, sondern freigelegt. Wir müssen also alles, was nicht von Dir aber in Dir ist, in Deinem Bewusstsein, aufspüren und von Grund auf integrieren – alles, was die Verwirklichung dessen, was wir wirklich sind, verhindert.

Wenn ich es jetzt kurz zusammenfassen könnte, wie Integrieren wirklich funktioniert, dann würde ich es tun. Aber dazu müsste ich zu weit ausholen und es würde die Kapazität dieses Buches leider übersteigen. Aber auch hier will ich nicht ungesagt lassen, dass es zumindest – und dies mit Leichtigkeit – möglich ist. Wenn der Mensch mit seinem Bewusstsein erschaffen kann, dann kann er – logischer Weise – auch etwas „ent-schaffen". Die Frage ist also nicht ob, sondern wie? Das ‚Gewusst-Wie' ist immer entscheidend. Es ist, wie schon gesagt, auch gar nicht schwierig, aber es bedarf einiges an Offenheit, Ehrlichkeit, Mut und Forschergeist. Ach ja, noch was wird benötigt: Ausdauer, Beharrlichkeit und die Bereitschaft alles zu fühlen, was immer auch auftaucht. Mehr nicht.

„Weisheit geschieht, wenn man das gelernt hat, was es zu lernen gab. Sie ist aber nicht das Wissen selbst! Weisheit ist die Erfahrung dessen, was sich hinter dem Wissen befindet. Und um dorthin zu kommen, ist eine fachlich kompetente Begleitung unabdingbar."

Auch dies wollte ich näher erläutern. Weisheit ist nun definitiv etwas von dem, was man nicht kaufen, sich nicht erschwindeln und auch nicht vortäuschen kann. Vielleicht ist sie deswegen so begehrt. Weisheit hat auch nichts mit dem Alter zu tun. Dass sie meist erst von älteren Menschen gefunden wird, hängt damit zusammen, dass uns nicht beigebracht wurde, worauf es im Leben wirklich ankommt. Die meisten Menschen glauben jedoch, dass Weisheit der Höhepunkt von ‚viel Wissen' ist und dies braucht eben Zeit. Aber, das stimmt leider nicht. Weisheit ist niemals das Resultat von Wissen, sondern von Erfahrung. Aber auch hier könnte man sagen: „Ja ja, und eben, viel Erfahrung braucht viel Zeit." Doch auch dies ist nicht korrekt. Denn es geht gar nicht darum, viele Erfahrungen zu machen, sondern intensive. Es ist nicht die Menge, sondern die Intensität und da kann schon eine einzige Erfahrung genügen. Auf dem Weg zu dieser einen Erfahrung, welche den Durchbruch bringt, werden natürlich viele Erfahrungen gemacht, aber entscheidend ist letztlich nur diese ominöse Eine. Da man nicht voraussehen kann, bei wem welche Erfahrung dies bewirkt, kann man auch nicht sagen, welche Erfahrung zur Weisheit führen wird. Daher bezeichne ich meine Arbeit mit den Menschen als Bewusstseins-Forschung. Wir müssen forschen, eintauchen, fühlen und alles untersuchen, was auftaucht. Dann wird man sie eines Tages erwischen und die Wärme, Gelassenheit und Freude, welche die Weisheit auszeichnet, breitet sich in uns aus. Wenn dies geschieht, dann wird dies nicht unbemerkt bleiben. Freunde und Bekannte spüren es. Sie werden sagen, dass Du

 Dich verändert hast und in der Tat, das hast Du auch. Jede intensive Erfahrung verändert uns und im Laufe der Bewusstseinsarbeit ergeben sich einige davon.

Aber es ist nicht so, dass, wie viele glauben, nur schmerzvolle Erfahrungen zu Weisheit führen. Solche Ansichten dienen meist bloß als Trost dafür, dass man sich nicht eingestehen muss, dass man hier und dort vielleicht auch mal versagt hat. Zu leiden, wurde vielerorts als etwas Edles deklariert. Wer leidet, ist somit ein wertvollerer Mensch als einer, der bloß erfolgreich ist. Aber das ist Quatsch. Alle Menschen sind wertvoll und alle Menschen können sowohl erfolgreich und weise, als auch arm sein. Ich sage, dass Weisheit hinter dem Wissen zum Vorschein kommt. Wie meine ich das? Zuerst will man alles wissen, der Verstand produziert Fragen über Fragen. Wobei dieses Wissens-Wollen durchaus Suchtcharakter aufweist. Dieser Drang kann jedoch überwunden werden. Und dahinter taucht ein Raum auf, in welchem keine Fragen mehr vorhanden sind. Keine Fragen – keine Antworten. Dies ist dann der Moment, wo sich der Zugang zum Sein, in den Flow hinein, eröffnet. In diesem Zustand erwacht die Intuition. Raum und Zeit verschwimmen, werden unwichtig und das reine Gefühl des Seins bringt einen in die absolute Gegenwart. Das Sein im Hier und Jetzt ist ja nun kein unbekannter Begriff mehr, aber diesen Zustand wirklich zu erleben oder nur darüber zu lesen, das sind zwei ganz verschiedene Paar Schuhe. Und genau das ist das Besondere an guten Bewusstseins-Trainings und Schulungen – Erfahrungen zu vermitteln, nicht bloß Theorie.

„Der Boss hat ja sowieso genug Kohle und daher geht es ihm prinzipiell besser als mir."

„Dass Geld glücklich macht, denken wohl nur jene, welche zu wenig davon besitzen."

Geld alleine macht weder glücklich noch unglücklich. Geld ist
sehr verdichtete Energie welche das, was bereits vorhanden ist, verstärkt. Ein glücklicher Mensch, welcher eh schon zufrieden und dankbar ist, wird noch glücklicher und einer, der eh schon unzufrieden ist, wird noch unzufriedener. Daher wird ein reicher Mensch – in der Regel – meist noch reicher. Jede Energieform ist von Natur aus neutral. Ein neutraler Gefühlsverstärker sozusagen. Geld ist weder Schuld, noch verantwortlich für den Zustand eines Menschen. Im Gegenteil! Der Mensch ist selbst verantwortlich dafür, wie er mit Energie umgeht.

Wenn man der gesamten Menschheit jedoch verschweigt, dass alles Energie ist, dann kann man – und das wollte man damit ja auch bezwecken – davon ausgehen, dass keiner seine Aufmerksamkeit auf dieses Thema lenkt und somit werden die Menschen sich auch nicht ernsthaft damit auseinandersetzen. Bisher war dies eher ein Element östlicher Philosophien. Hier im Westen sagen wir dann: „Ja, hm... na ja, hilft's nicht, dann schadet's nicht." Oder so ähnlich. Hauptsache, man nimmt es nicht zu ernst. Dass Energie jedoch das zentrale Thema unserer Realität ist, wurde und wird von den meisten Menschen noch nicht entdeckt oder anerkannt. Demnächst wird jedoch die gesamte Menschheit umdenken müssen. Denn was sie bisher von Leuten wie mir nicht für glaubwürdig hielten und daher ablehnten, wird nun in Form neuer Energien erfolgen, welche uns von technischer Seite bald präsentiert werden. Tachyonen, Nullpunktenergie, Quantenphysik, Magnetmotoren, freie Energie usw. Es scheint wohl eine Eigenart – vor allem westlicher Menschen – zu sein, dass sie prinzipiell nichts glauben, was sie nicht sehen können.

Nun aber zurück zum ‚Boss'. Die Menschen glauben immer, dass wenn einer das hat, was sie wollen, dann müsse man glücklich sein. Die Geschichte erzählt weitaus mehr von reichen Menschen, welchen ihren Reichtum wieder abgaben als von armen Menschen, welche aufgehört hätten, nach Geld oder ähnlichem zu streben. Dem ‚Boss' geht es also genau wie Dir. War er bereits als Angestellter glücklich, so wird er es auch als Unternehmer sein. Wenn nicht, dann hilft gar nichts Äußeres. Willst Du also das andere Ende der Leiter erfahren und auch genießen, dann genieße erst einmal die Gegenwart. Vorher wird es nicht wesentlich vorangehen können. Wenn dies möglich wäre, dann kannst Du sicher sein, hätte ich diesen Weg gefunden und würde ihn heute auch vertreten. Ich habe einen Weg gefunden, der ist zwar nicht ganz so kurz wie jener, den es nur in unseren Wünschen gibt, aber: Dafür existiert er!

„Es wäre daher gut zu wissen, wie man ‚Glück' erschafft, oder?"

Hier wollte ich einfach noch einmal kurz darauf hinweisen, dass so etwas wie Glück oder Zufall nicht existiert. Das wäre auch in keiner Weise fair! Aber ‚Glück' und glückliche ‚Zufälle', lassen sich machen. Als ‚Glück' und ‚Zufall' bezeichnen die Menschen jene Begebenheiten, welche sie nicht auf einen sinnvollen Ursprung hin zurückverfolgen können. Sie bezeichnen also alles, was ihnen unverständlich erscheint oder nicht ihrer persönlichen Logik entspricht, als solches.

Ich weiß, dass es vermutlich nicht viel Sinn macht, zu sagen, dass man sich Glück, Erfolg und glückliche Zufälle selbst erschaffen kann. Wenn jemand sowieso davon überzeugt ist, dass solche Dinge zufällig und unkontrolliert auftauchen, dann wird er mir wohl keinen Glauben schenken. Aber für alle andern möchte ich an dieser Stelle einfach noch einmal betonen, dass es möglich ist.

Man wird nicht reich und fühlt sich dann so! So funktioniert das nicht! Du fühlst Dich so, in diesem Beispiel also ‚reich', schon bevor Du es faktisch bist. Dann beginnt es, sich zu manifestieren. Jetzt gilt es, dieses Gefühl halten zu können, bis es sich vollends manifestiert hat. Hier scheitern die Meisten, bei denen das Gefühl des Reichtums und der Fülle nicht echt gewesen ist. Daher gilt es einen Weg zu finden, wie man echte Gefühle erzeugen und auch aufrechterhalten kann.

Gefühl ist für die meisten Menschen das, was sie aufgrund von irgendetwas fühlen. Ob sie das wollen oder nicht, das können sie nicht entscheiden, weil ihr reaktives Fühlen viel zu schnell passiert. Sie wissen nicht, dass Fühlen auch auf ganz anderen Ebenen stattfinden kann. Und wenn solche Menschen hören, dass man reich, glücklich und erfolgreich sein kann, wenn man sich zuvor schon so fühlt, dann produzieren sie einfach diese Gefühle. Ich sage ‚produzieren', nicht erschaffen. Produzierte Gefühle sind nicht echt, sie stammen aus dem Verstand und dieser fertigt bloß Kopien von Gefühlen. Der Verstand überlegt sich, wie es sich anfühlen müsste – aber woher will er das auch wissen? – und fertigt ein gutes Duplikat davon an. Echte Gefühle entspringen jedoch einer ganz anderen Ebene. Nämlich der Herzebene, jenseits des Denkens und ohne Verstand.

Dies kann ich hier natürlich nicht weiter ausführen, da es nur zu Verwirrung führen würde. Aber diese Umstände sind dafür verantwortlich – auch wenn es Feinheiten sind – dass zum Beispiel das Positiv-Denken, Motivationstrainings und andere Begeisterungsmethoden nicht nachhaltig wirken. Sie alle arbeiten leider bloß aus dem Verstand heraus und übersehen eben diese Feinheiten, von denen es natürlich noch viele weitere gibt. Unsere Methode, die Free Spirit®-Methode, ist ein Verfahren, welches großen Wert darauf legt, nichts in andere hinein zu pflanzen' und nicht zu indoktrinieren. Wir wollen keine künstlichen Gefühle erzeugen, welche sich bald wieder in Nichts auflösen, sondern wir legen die echten Gefühle – welche jeder Studierende mitbringt – frei. Wir holen etwas heraus, wir tun nichts hinein. Ich könnte niemals die Verantwortung dafür tragen, etwas in jemanden hineinzupressen. Etwas in den Menschen frei zu legen, fühlt sich für mich viel ehrlicher an.

Ich bin davon überzeugt, dass jeder alles, wonach er sucht, bereits in sich trägt! Ich habe selbst über 30 Jahre geforscht, um einen Weg zu finden, wie dies gelingt. Mein Bewusstseins-Training ist minutiös darauf angelegt, alles aus den Menschen heraus zu holen. So viel Verborgenes, so viele Talente und so viel Wundervolles ist in uns allen verborgen, wir müssen es nur finden und freilegen. Aber vorhanden ist es schon und zwar in echt. Nur Echtes ist wesentlich, nur Wesentliches ist wirklich, und nur Wirkliches ist dauerhaft wirksam. Nachhaltigkeit ist immer ein gutes Merkmal für Qualität. Dies ist es übrigens auch in unternehmerischer Hinsicht.

‚Macht' kommt von ‚machen'. Macher sind mächtig dadurch, dass sie etwas bewegen, etwas machen. Und je konstruktiver das, was sie machen, ist, desto machtvoller werden sie. Wissen ist Macht, aber nur dann, wenn man macht, was man weiß!

Viele Unternehmer und auch Mitarbeiter scheitern deshalb, weil sie partout nicht tun, was sie wissen. Es fällt mir schwer, zu sagen, aber wie würdest Du jemanden nennen, der mehr weiß als er tut? Ich nenne sie ‚Besserwisser'. Weil sie es besser wüssten, als sie es tun. Das sind dann am Ende jene, welche sich sehr schnell der Kritik hingeben. Besserwisser sind keine schlechten Menschen, sie wissen es einfach nur besser, als sie es selber tun und sowieso viel besser als alle anderen. Solche

Menschen bräuchten eigentlich nur gute Unterstützung und der kleine Fehler könnte behoben werden. Dann wären sie nämlich prädestiniert für das Erfolgreich-Sein. Sie sind meistens nicht dumm und bringen viel Know-How mit, aber sie haben es noch nicht wirklich, vom ‚Tun lassen' ins ‚selber Tun' gebracht.

Je mehr jemand weiß, desto eher ist er dazu aufgerufen, mehr zu tun und mehr Verantwortung zu übernehmen als andere. Wer diese latente Pflicht des Universums nicht berücksichtigt oder nicht berücksichtigen will, dem wird es nicht oder aber zumindest nicht dauerhaft gelingen, irgendwo an die Spitze zu kommen. Und meist sind es Menschen, die diese Gesetzmäßigkeit missachten, welche dann, im Rahmen ihrer Möglichkeiten, ihre Macht missbrauchen. Sie werden zu Tyrannen und beginnen andere zu unterdrücken. Egal wen und wenn keiner da ist, dann eben wenigstens die Ehefrau und die eigenen Kinder.

Wir könnten also viel Leid verhindern, wenn wir aus diesen Menschen verantwortungsvolle Erfolgreiche machen könnten. Das ist natürlich möglich, aber nur auf freiwilliger Basis. Wir können bloß, aber der andere muss wollen. Gegen den eigenen Willen ist gewaltfreie und selbstverantwortliche Bewusstseinsveränderung- und erweiterung nicht möglich. Zum Glück!

Aber heutzutage kommt es auch darauf an, was jemand ist und nicht nur auf das, was er kann oder was er hat. Sein ist wieder gefragter denn je. Nicht umsonst heißt es: Glücklich-Sein, Erfolgreich-Sein, Unternehmer-Sein, Putzfrau-Sein, Arbeitslos-Sein, Depressiv-Sein, Reich-Sein, Gesund-Sein usw.

Der Weg führt generell vom Haben zum Sein. Dass die Welt heutzutage so aussieht, wie sie aussieht, verdanken wir zum

 Großteil dem Umstand, dass es jene Leute geschafft haben, nach oben zu kommen, welche der Gier des Haben-Wollens anheimgefallen sind. Menschen, denen es mehr ums Haben als um das Sein ging.

Das Einfachste aber, um erfolgreich und glücklich zu sein, ist das Sein. Einerlei, was Du mit Deinem Sein verkörperst, es wird erfolgreich. Aber Du musst es auch wirklich sein wollen! Dies bedingt natürlich, dass wir zuerst mal herausfinden müssen, was Du wirklich Sein willst – wofür Du glaubst geboren zu sein. Und in diese Richtung werden wir gehen, denn dieses Ziel können wir auch erreichen. Wir verschwenden also keine Zeit darin, etwas in Angriff zu nehmen, was Dir gar nicht entspricht. Denn so könnten wir unmöglich nachhaltige Erfolge erzielen. Es geht also nicht darum, dass jeder alles sein könnte, sondern darum, dass jeder das werden kann, was ihm entspricht. Nicht alle wollen Unternehmer sein und nicht alle wollen Putzfrau sein. Aber jeder hat die Möglichkeit das zu sein, was er sein will. Ein guter Assistent ist immer besser als ein schlechter Chef. Und wenn wir die Wahl haben, zu entscheiden, ob wir ein kompetenter, erfolgreicher und somit glücklicher Assistent oder ein überforderter und somit unglücklicher Chef sein wollen, was würdest Du entscheiden?

„Denn wer will, dass sein Leben funktioniert, der wird nicht darum herumkommen, die wirkenden Gesetzmäßigkeiten, welche zwischen ‚Spirit' und Materie interagieren, zu studieren."

Wenn man sich mit den Interaktionen zwischen Energie und Materie befasst, versteht es sich von alleine, dass man in Gebiete vordringt, welche tief ins Geistige reichen. Das ist für viele Neuland. Und wenn man sich irgendwo noch nicht auskennt, dann kann sich dies anfangs relativ verwirrend auswirken. Daher lohnt es sich, damit entsprechend sorgfältig umzugehen. Aber für 99,99% der Menschen bestehen keinerlei Gefahren. Es kann – im Gegenteil – auch ganz schön begeistern, wenn man der Sache mit dem Spirit und der Materie auf den Grund geht und dabei bemerkt, dass man selber schon über Fähigkeiten verfügt, welche man bis dato vielleicht sogar für unmöglich gehalten hat.

Bewusstseinsforschung ist auf jeden Fall immer ein Abenteuer! Und wenn Du ein Abenteurer bist, dann ist es haargenau das Richtige für Dich.

Dieser gegenwärtige Zeitpunkt ist also ein ganz wichtiger Augenblick in unserem Leben! Entweder wir entscheiden uns jetzt(!) und beginnen augenblicklich damit, die versäumte Entwicklung nachzuholen, oder für uns ist es vorbei!

Mit ‚vorbei' meine ich, dass wir dann möglicherweise schon gestorben sind, bevor sich unsere Erfolge einstellen oder aber, dass wir einfach den notwendigen Charakter nicht vorweisen können, um auch im neuen Unternehmertum bestehen zu können. Grundsätzlich hat aber nur derjenige keine Chancen, welcher sie nicht nutzt.

Der Augenblick ist daher von besonderer Wichtigkeit, weil alles, was sich auf einer kreativen und schöpferischen Ebene abspielt, dies nur im Hier und Jetzt tut. Wenn ich sage, dass wir mit echten Gefühlen arbeiten, dann ist hier der Zusammenhang. Nur was ist, ist echt. Ein Ist-Zustand oder das Sein, welches Du bist, ist daher nur im Augenblick zu finden und auch nutzbar. Im Hier und Jetzt wirst Du erfahren, wie stark und schön es sich anfühlt, einfach mal so richtig präsent zu sein. Hier entsteht Heilung, weil hier der Ort Deines Ursprungs ist und genau dieser Punkt ist die Schnittstelle für die mögliche Interaktion zwischen dem, was ich ‚Spirit' nenne und der Materie.

Du weißt bestimmt, wie es ist, wenn man sich mitten im Flow befindet. In solchen Momenten öffnet sich ein Raum, welcher in jeder Hinsicht anders ist. Wenn ich den Zustand von Glücklichsein definieren müsste, dann würde ich sagen: im Flow zu sein. Im Flow bist Du absolut zweifelsfrei sicher, genau das Richtige zu tun, ohne dass Du je darüber nachdenken müsstest. Es ist ein Zustand des Seins jenseits aller Fragen, Zweifel, Unsicherheiten und frei von allen Wünschen. Ein Zustand von wunschlosem Glücklichsein.

Und wenn ich sage, dass es wichtig ist, jetzt zu entscheiden, dann deswegen, weil man es nicht tut, wenn man es sich für morgen vornimmt. Das ist, ein Verkäufer weiß das, wie bei einem Vertragsabschluss. Je länger es dauert, desto geringer werden die Chancen, dass der Kunde unterschreibt. Und auch bei uns ist es so: Je länger wir an einer Entscheidung rummachen, desto größer wird das Risiko, dass wir nicht entscheiden. Und wenn wir nicht bewusst entscheiden, dann übernimmt das ein anderer für uns. Dies muss nicht unbedingt ein Mensch sein, es kann auch eine Situation sein oder Zweifel, welche nach längerem Überlegen auftauchen oder neue Ideen, welche sich dazu gesellen etc. Eine lange Entscheidungsfindung bedeutet nicht, dass man eingehend darüber nachgedacht hat, sondern dass man nicht auf den ersten Impuls gehört hat.

Intuition wirkt aber spontan. Sobald wir mit einer Entscheidung konfrontiert werden, blitzt die Intuition kurz auf und vermittelt, wie wir uns entscheiden sollten. Dies wäre dann ein sogenannter Herzensentscheid. Und je mehr Zeit vergeht, desto mehr verlagert sich die Entscheidungsfindung in den

Kopf. Kopfentscheide können sowohl richtig, als auch falsch sein. Herzensentscheide sind immer richtig. Vielleicht erfüllen sie nicht immer auf Anhieb alle unsere Wünsche, aber langfristig wären sie immer die besseren gewesen. Es ist wie in der Liebe. Man trifft oder sieht sich und schon weiß man Bescheid. Die Faktenlage ist also augenblicklich klar und es ist nur noch eine Frage Deines Vertrauens in die eigene Intuition, ob Du diesen Entscheid nun auch mit dem Verstand akzeptieren willst oder nicht.

Noch immer glauben viele Menschen, dass es vernünftiger wäre, über alles immer intensiv nachzudenken und alles bis aufs Genaueste zu analysieren, um die ‚richtige' Entscheidung treffen zu können. Aber es ist eine Illusion zu glauben, dass der Verstand die Beweggründe unserer Intuition zu erfassen im Stande sei. Intuition ist um ein Vielfaches weitreichender als es unser Verstand je sein könnte! Dabei – bitte nicht falsch verstehen – meine ich nicht die emotionalen Impulse, welche auch immer wieder auf poppen, sondern echtes Gefühl, echte Intuition. Wenn man beides kennt, dann sind die Unterschiede auch sehr deutlich und führen nicht zu Verwirrung. Dafür ist es einfach wichtig, sich selbst durch und durch zu kennen und solche Feinheiten in sich gut unterscheiden zu können. Aber wie gesagt, das kann man lernen.

„In Zukunft bedeutet ‚Investition' etwas ganz anderes. Man wird ‚sich selbst' investieren müssen, nicht nur in sich selbst, sondern sich selbst!"

Ja, es ist ein großer Unterschied, ob man sich oder in sich investiert! In sich zu investieren ist natürlich sehr weise, keine Frage. Aber sich selbst in etwas zu investieren, ist etwas ganz anderes. Es bedeutet die vollkommene Hingabe, das sich vollständige Auflösen innerhalb einer Vision oder innerhalb dessen, was man tut. Du tust dann nicht etwas, sondern Du bist es! Wie gesagt; ein kleiner aber feiner Unterschied. Ich gehe davon aus, dass Du verstehst, was ich meine, oder? Fein. Dann weißt Du auch, weshalb ich empfehle nichts zu tun, was Du nicht von ganzem Herzen tun kannst. Denn wenn Du Dich nicht in einer Sache, einerlei ob es sich um eine persönliche oder geschäftliche Angelegenheit handelt, verlieren kannst, dann wirst Du damit nicht wirklich erfolgreich sein können.

Du bist gefragt! Dein totales Involviert-Sein ist gefragt! Es ist also eins, eine Vision zu haben oder eben, die Vision zu Sein! Sei das, was Du bist, das, was Du tust und das, was Du Sein könntest, wenn Du keine Ängste und Zweifel hättest. Sei ganz Du! Versuche nicht, etwas zu sein, was Du nicht auch wirklich bist! Das wäre nämlich gelogen und Lügen haben bekanntlich kurze Beine. Was auf einer Lüge basiert, endet immer mit Enttäuschung. Ehrlichkeit ist also ein weiteres, deutliches Merkmal des neuen Unternehmertums als auch für das zeitgemäße Mensch-Sein. In Zukunft ist das, was Du privat bist, nicht mehr davon zu separieren, was Du in geschäftlicher Hinsicht tust. Die anderen werden es niemandem mehr abkaufen, wenn die geschäftliche Identität nicht mit der privaten übereinstimmt. Diese Zeiten sind definitiv vorbei. Auch hier die Zeichen der Zeit zu erkennen, kann nicht falsch sein!

„Aber ich weiß, dass Dir ein aufrichtiges Gegenüber fehlt. Je höher Deine Position ist und je bekannter Du bist umso mehr. Gut, hier bin ich also. Du bist der Boss! Entscheide selbst, ob Du für ein solches Experiment offen und dazu in der Lage bist. Noch könntest Du zu den Ersten gehören."

Die Ersten, die Pioniere auf jedem Gebiet, haben es nicht immer leicht, aber sie haben den größten Genuss! Daher ist es letztlich immer wundervoll und spannend, zu den Pionieren zu gehören. Pioniere fürchten sich übrigens nicht vor einem aufrichtigen Gegenüber im Gegenteil, sie sehnen sich sogar danach! Weil nur ein solches Gegenüber von Nutzen ist. Vielleicht ist es nicht immer angenehm, aber hilfreich ist es immer.

Zudem ist es ein unvergleichlich schönes Gefühl, sich unter Menschen zu bewegen, denen man nichts vorzuspielen braucht und welche auch uns nichts vortäuschen. Dies ist mit ein Grund dafür, weshalb die Erfolgreichen und die Berühmten lieber unter sich bleiben. Denn bei den anderen weiß man nie, weshalb sie einen wirklich mögen. Aber genau dieses Gefühl, dass Dich jemand mag, weil Du so bist wie Du bist, ist von unschätzbarem Wert und das fühlst Du auch. Was nützt es uns schon, wenn alle nur deswegen nett zu uns sind, weil sie etwas von uns wollen?! Und wenn man plötzlich nur noch von solchen Menschen umgeben ist, dann entfaltet sich der Fluch des Erfolgs. Menschen um sich herum zu haben, die authentisch sind und sich von uns nicht beeindrucken lassen, nur weil wir vielleicht einflussreich, berühmt oder reich sind, sind unverzichtbar. Eine aufrichtige Kritik ist weitaus wertvoller, als ein verlogenes Kompliment.

Geliebt zu werden, ist wichtig, aber damit die anderen uns lieben können, dafür müssen wir uns auch so zeigen, wie wir wirklich sind. Und so zu sein wie man ist, das traut man sich nur bei Menschen, von denen man nichts will. Willst Du nichts von mir und ich nichts von Dir, dann stehen keine Wünsche zwischen uns und wir können uns auf einer Ebene begegnen, auf welcher jegliche Strategien hinfällig sind. Wenn Du schon so weit bist, dass Du fühlen kannst, dass auch Dir ein solches Umfeld guttun würde, dann gib Dir einen Ruck – Dir zu liebe – und kontaktiere uns. Du bist der Boss und daher überlasse ich es gerne Dir, mit mir in Kontakt zu treten. Es mag für Deine Ohren neu oder befremdlich oder gar überheblich klingen, wenn ich sage: „Ich will nichts von Dir, Du hast nichts von dem, was ich will, aber ich hätte da etwas für Dich."

Vielleicht kannst Du hierin auch den Beweis erkennen, dass für mich nicht in erster Linie mein Geschäft an erster Stelle steht. Aber was könnte denn dann an erster Stelle bei mir stehen? Ich sage es Dir: „Du!" Gut, vielleicht klingt dies noch befremdlicher für Dich. Ein Unternehmer – ich bin ja auch ein Geschäftsmann – der mit seinem Unternehmen ja auch expandieren, wachsen und erfolgreich sein will, sagt so etwas! Eigentlich ist das, von mir aus gesehen, eher eine geschäftsschädigende Haltung. Das würde auch stimmen, wenn mein Unternehmensziel Geld wäre. Aber sorry, das ist es nicht. Geld ist für mich ein angenehmer Nebeneffekt, ein wundervolles Mittel zum Zweck, aber niemals das Ziel! Und ja, ich bin stolz darauf. Ich bin stolz darauf, einer jener wenigen Unternehmer zu sein, welcher mit seiner Vision weitaus Höheres im Sinn hat, als bloß reich zu werden. Aber ehrlich gesagt ist dies kein Verdienst von mir, im Gegenteil! Ich will ja auch nur glücklich sein, mehr nicht. Und ich weiß eben, dass Geld mir nicht dieses herrliche Glücksgefühl bringt, welches ich empfinde, wenn ich helfen durfte einen anderen Menschen glücklich zu machen. Dieses Gefühl ist für mich einfach dermaßen schön, dass es durch nichts anderes ersetzt werden kann. Und somit bin auch ich ganz schön egoistisch.

Aber stell Dir einfach mal vor, dass alles von Dir abfallen würde, was nicht zu Dir gehört. Alles, was Du eigentlich gar nicht bist. Was glaubst Du, käme dann zum Vorschein? Ja genau! Ich sagte ja schon zuvor: Du bist wundervoll, wenn Du so bist, wie Du wirklich bist. Deshalb lohnt es sich, dass wenigsten ich mich für Dich einsetze und zwar kompromisslos.

„Ein guter Manager und ein weiser Unternehmer werden niemals so dumm sein und diesen Lebensnerv vernachlässigen! Ja, ich sagte schon: Je höher man steigt, desto größer werden auch die Herausforderungen."

Wenn jemand weiß, wie es unten und oben ist, dann kann er sich mit allen Menschen verbinden. Das ist also dieser Lebensnerv – zu wissen, wie es dort ist, wo die Anderen sind. Und weil die Macht mit jedem Aufstieg größer wird, ist auch die Verantwortung eine größere. Wenn man nie vergisst, wer diesen Hauptnerv belebt und wie es jenen Menschen geht, dann wird man ihnen nicht schaden wollen. Im Gegenteil, man wird großen Wert darauf legen, dass es ihnen gut geht und sie glücklich sind. Das Glück des Unternehmers liegt in den Mitarbeitern und den Konsumenten der Dienstleistung, respektive des Produktes. Wer glaubt, die Konsumenten und Mitarbeiter verarschen zu können, der hat die Rechnung wohl ohne den Wirt gemacht. Ohne Rücksicht auf Verluste den eigenen Profit auf Kosten anderer zu steigern bis es nicht mehr geht, ist ein sehr kurzfristiges und dummes Denken. Dies hat schon manch einen Weltkonzern und unzählige KMUs zu Fall gebracht.

Wer sich nicht gerne verantwortlich fühlt, der sollte sich seinen Platz auf jeden Fall nicht zu weit oben suchen oder wünschen. Als Chef wirst Du nämlich nicht nur für Deine Handlungen, sondern auch für die Handlung aller Deiner Untergebenen, geradestehen müssen! Das nennt man die ‚Loyalität der Hierarchie' – wenn das Oben für das Untere Verantwortung übernimmt. Und da gibt es auch eine ‚Loyalität der Basis', diese steht wie eine Wirbelsäule hinter jeder Entscheidung des Unternehmers. Wenn dieser Loyalitätsfluss von irgendeiner Seite her ins Stocken gerät, dann wird es für beide Seiten kritisch. Die Fehlbaren müssen dann unmittelbar korrigiert oder aus dem

Betrieb entfernt werden, dem Großen und Ganzen zuliebe. Dies gilt sowohl für die Mitarbeiter, als auch für den Unternehmer selbst. Jeder sollte die Chance zur Korrektur bekommen, vielleicht sogar mehrmals, aber allzu lange darf man solche Zustände nicht dahinsiechen lassen, sonst ist bald das ganze Klima verdorben. Und da wieder raus zukommen, ist eine andere Geschichte.

Wenn man genau hinschaut, dann wird man feststellen, dass die Höhe des Salärs an der Menge der Verantwortlichkeit und nicht an der Menge der Arbeit gemessen wird. Und das ist auch richtig so, denn wer Verantwortung trägt und sich verantwortlich fühlt, der nimmt diese Last auch mit nach Hause. Verantwortliche und somit zuverlässige Mitarbeiter werden daher schneller aufsteigen und den ihnen zustehenden Lohn auch erhalten, die anderen entsprechend weniger. Vieles wird neu gehandhabt werden müssen, wenn man sein Unternehmen den Praktiken der Zukunft anpassen und den Anschluss nicht verlieren will. Der Tag wird kommen, an welchem jeder ein Unternehmer sein wird. Also, packen wir's an, es gibt noch einiges zu tun!

Wenn ‚Lucky Luke' derjenige ist, welcher schneller schießen kann als sein Schatten, dann wirst Du jener sein, der schon da ist, wenn sein Schatten erst ankommt. Denk in Ruhe darüber nach. Mein Angebot eröffnet Dir, eine Dir bisher vermutlich verborgen gebliebene Welt, jenseits jeglicher Bewegungen oder Richtungen wie: Psychologie, Metaphysik oder Esoterik oder sonst was. Eine Welt, welche ich als den ‚FreeSpirit' bezeichne.

Ein Bewusstseinsforscher muss neutral sein, denn er muss alles untersuchen können. Daher werden wir auch nie sagen können, was ‚richtig' und was ‚falsch' ist. Denn dies ist davon abhängig, was ein jeder will. Das Ziel bestimmt, was für den Einen richtig und für den Andern falsch ist. Es klingt wohl schon durch, dass mein Standpunkt keine grundsätzliche Bewertung beinhaltet, oder? Und das kann man auch nicht, wenn man weiß, dass immer alles eine Frage des Standpunktes ist, welchen man gerade eingenommen hat. Alles kann daher sowohl gut, als auch schlecht sein. Diese Haltung hat auch den Vorteil, dass Menschen wie ich niemals in Gefahr kämen, für eine Religion, ein Land oder eine Partei in den Krieg ziehen zu wollen. Kriege führen ist etwas für Menschen, welche von sich glauben, dass sie, in Bezug zu irgendetwas, die absolute Wahrheit gefunden hätten. Aber so etwas wie eine absolute Wahrheit kennen wir nicht. Zumindest nicht in derselben Hinsicht. Davon zumindest bin ich überzeugt. Aber dennoch nicht so sehr, dass ich behaupten würde, dass dies absolut wahr wäre. Falsch zu liegen, hat also durchaus eine schöne Seite. Ermöglicht es doch, dass man stets für neue Erfahrungen offenbleibt.

Ich könnte jetzt noch Hunderte von Seiten zu weiteren hochinteressanten Gebieten wie beispielsweise: Kommunikation, Integrität, Bewertungen, Mentalität, Medialität, Materialisation, Heilung, Geheimnisse, Psychologie, Metaphysik, Funktion des Bewusstseins und wie man es steuern kann u.v.a.m. niederschreiben, aber langsam möchte ich dieses Buch zum Abschluss bringen. Ich glaube Du verstehst, dass da noch viel für und auf Dich wartet. Erfolg im Leben, beruflich und privat, ist kein Zufall, Du kannst es in Dein Leben hinein manifestieren, wann immer Du willst.

So wirst Du wirklich erfolg- und reich

Es gibt mehr Theorien darüber wie man erfolgreich wird als es erfolgreiche Menschen gibt .

Bestimmt hast auch Du schon einiges darüber gelesen und gehört, wie man erfolgreich wird und wie man seine ‚Kunden' am besten anspricht. Abgesehen davon, dass die meisten, die solche Theorien predigen, selbst nicht erfolgreich, sondern höchstens reich sind.

Überall springt uns Werbung entgegen, die uns die geheimnisvollen 7, 10 oder weiß Gott wie vielen Schritten zum Erfolg näher bringen wollen. So spricht man die Kunden an, diese Werbung ist besser als jene, dies oder jenes musst Du rhetorisch drauf haben, so und so muss Deine Website ausschauen, Du musst meditieren, Dich mit anderen zusammentun oder Dich nur auf Dich selbst konzentrieren und so weiter. Eben, wir kennen es.

Aber was wir manchmal nicht erkennen oder sogar verkennen, ist, dass es nur einen wichtigen Schritt dazu braucht, nämlich: Du selbst zu sein und Du selbst zu bleiben!

Authentisch zu sein ist das allerwichtigste für alle, die erfolg und reich sein wollen. Einerlei in welcher Hinsicht oder welchem Bereich.

So lange wir glauben, uns verstellen oder entsprechend verhalten zu müssen, um die Menschen zu erreichen, verleugnen wir uns selbst. Und da alles am besten läuft, wenn man inspiriert ist und wenn man weiß, dass Inspiration von unserer Authentizität abhängt, dann wären die ersten zu gehenden Schritte offensichtlich keine technischen, sondern zutiefst persönliche.

„Zu glauben, dass erfolg- und reich zu sein glücklich machen würde, ist ein Irrtum der Versager! Es ist genau umgekehrt! Und wie wollen wir jemals glücklich sein, wahrhaftig glücklich, wenn wir nicht uns selbst sind? Das geht schlicht und einfach nicht."

Viele erkennen ihre Besonderheiten, ihre Originalität nicht. Sie wollen etwas sein, was sie nicht sind. Sie glauben, nicht gut genug zu sein oder noch dies und jenes zu brauchen bevor... Nein, Du brauchst gar nichts! Du hast bereits alles, Du hast bereits Dich selbst. Mehr gibt es nicht. Mehr kann dazu kommen, wenn wir das leben, was wir sind. Alles Weitere wird hinzukommen, wenn Du bist, was Du bist.

Man benötigt nur Vertrauen und Mut. Vertrauen in das Universum und den Mut seiner Inspiration zu folgen! Wer lebt, was er liebt, der wird gezwungenermaßen glücklich sein. Und wer glücklich ist, der wird gezwungenermaßen erfolgreich werden. Ist doch ganz einfach zu verstehen, oder? Klar, aber anscheinen ist es nicht ganz so einfach es zu tun. Der Verstand orientiert sich nämlich an ganz anderen Dingen, er nennt sie gerne ‚Fakten', als es unser Herz tut. Und ehrlich, das Herz verfügt über einen enorm viel weiteren Horizont als der Verstand.

Es wird ja gerne behauptet, dass man Herz und Verstand zusammenbringen soll und das stimmt auch. Aber wenn diese

 Idee vom Verstand selbst kommt, dann meint er es genau umgekehrt. Der Verstand und das Herz müssen zusammenwirken. Seht Ihr den Unterschied? Es geht um die Frage, wer König und wer Diener ist. Solange der Verstand sich als König installiert, wird es nicht funktionieren. Das Herz ist immer die oberste Instanz und der Verstand sollte als treuer, klarer und verlässlicher Diener agieren. Dann funktioniert's.

Da die meisten Menschen schon so ziemlich desillusioniert sind und Ihre Träume bereits auf ein Minimum reduziert und sich selbst schon umfassen beschnitten haben, täuschen sich viele nicht nur in ihren Fähigkeiten, sondern auch in Ihren Träumen und Visionen. somit sehen sie auch die Möglichkeiten nicht. Dass ist sehr schade, aber Heilung ist möglich! Da es sich hierbei um Täuschungen, Selbsttäuschungen handelt, liegt die Lösung sogar auf der Hand: Sei Du selbst, noch mehr Du selbst, als Du es möglicherweise bereits bist! Traue Dich, wenigstens mal für ein paar Jahre, vollkommen Du selbst zu sein. Wenn Du den Mut dazu aufbringst, dann wirst Du – und das garantiere ich Dir – ‚am Laufmeter' wahre Wunder erleben.

Unser äußeres erfolg- und reich Sein hängt also direkt mit unserem Innenleben zusammen. Solange dieses nicht stimmig und nicht wirklich echt ist, besteht keine Chance darauf, seine Vision zu verwirklichen, erfolg- und reich zu sein.

Wenn sich jemand also nach mehr erfolg- und reich sein sehnt oder sich wundert, dass seine Geschäfte und Projekte nicht funktionieren, dann ist das ein klarer Hinweis darauf, dass er nicht sich selbst lebt, sondern irgendeine Idee davon, wie er gerne wäre.

Und noch was: Die Vielen, die behaupten, dass man für etwas, was von Herzen kommt, kein Geld als Austausch annehmen dürfe, dass ist ein scheinheiliges Eso-Konzept, welches ausschließlich dazu dient, die Menschheit in Abhängigkeit und Unglücklichsein zu halten.

Und nun geh' damit um! Erkenne, was getan werden sollte und tue es. Es muss nicht schnell gehen, aber es muss gehen! Es geht auch, wenn Du gehst, Deinen Weg gehst und aufhörst, ein anderer zu sein als Du es bist. Entdecke Dein inneres Feuerwerk und lass es explodieren! Bereichere die Welt mit Deinem wahren Sein und nicht mit dem, was Du glaubst, dass die anderen von Dir erwarten!

Noch ein abschließender Tipp: Verwende es nie als Ausrede, zu sagen, dass Du eben so oder so bist. Du bist nicht authentisch, wenn Du nicht erfolg- und reich bist! Es liegt nie an den Umständen, sondern immer und ausschließlich nur an uns. Pack es an und lass es geschehen! Jetzt.

Vielen Dank für Deine geschätzte und wertvolle Zeit und Aufmerksamkeit. Ich fühle mich geehrt, dass Du so viel Interesse an meinen Zeilen zeigst und ich wünsche Dir lieber Leser, liebe Leserin, dass alle Deine Wünsche in Erfüllung gehen. Und spätestens wenn's nicht mehr so klappt, erinnere Dich an mich.

Du weißt ja, wo Du mich findest.

Bonustext

Burn-In statt Burnout

Burnout ist im Trend! Burnout, ein Zustand, welcher dadurch entsteht, dass man jahrelang dem Geld nachrennt und ein Leben lebt, welches nicht den eigenen Vorstellungen entspricht. Burnout ist also keine Krankheit! Es ist eine Folge der eigenen Lebenseinstellung und Lebensführung. Es versteht sich also von selbst, dass es dagegen also auch niemals ein Medikament geben kann – was aber nicht bedeutet, dass Burnout deswegen unheilbar wäre. Im Gegenteil!

Wir sollten für eine Sache brennen können, dann sind wir glücklich und erfüllt. Aber wir sollten auch darauf achten, nicht zu verbrennen. Die Gefahr, dass man verbrennen könnte, besteht nur dort, wo man zu viele Kompromisse mit dem persönlichen Lebenssinn machen muss. Es ist und wird also immer entscheidender, dass jeder seine Berufung verwirklicht und nicht einfach nur irgendeinen Job macht, um ein Auskommen zu haben.

Früher, als die Menschen noch gerne und von Herzen dienten, kannte man so etwas wie Burnout nicht. Burnout ist eine moderne Angelegenheit und zu 99% nur in Industriestaaten vorkommend.

Obwohl viele Menschen früher viel härter geschuftet haben, ist es nicht zum Burnout gekommen. Burnout heißt ausbrennen. Auszubrennen kann aber nur dann passieren, wenn man überfordert ist. Und überfordert zu sein, einerlei ob im Beruf oder privat mit Haus, Hof und Kindern, geschieht nur dann, wenn man die entsprechende Aufgabe nicht als Vision verfolgt. Ob dies nun ein Job ist oder die Aufgabe als Hausfrau und Mutter, spielt keine Rolle. Wenn es nicht genau das ist, was Du auch wirklich tun willst, wofür Du leben möchtest, dann besteht die Gefahr, sich eines Tages als ausgebranntes Häufchen Elend am Boden wiederzufinden.

Menschen, welche ausgebrannt sind, brauchen nur Folgendes tun: Eine Pause einlegen, entspannen und sich erholen. Danach sollten sie sich gut überlegen, wie sie den Rest ihres Lebens verbringen, was sie arbeiten und wie sie wirklich leben wollen. Und dann, dann sollten sie genau dies in Angriff nehmen. Man wird nämlich nicht ausgebrannt vom vielen Arbeiten, sondern davon, dass man nicht sein Leben lebt! Aktivität ist eher ein Heilmittel als der Verursacher des Burnouts.

Die offizielle Definition lautet gemäß Wikipedia wie folgt und ist sehr aussagekräftig:

Burnout (engl. „to burn out“ = „ausbrennen“) ist ein Sammelbegriff und steht für einen emotionalen, geistigen und körperlichen Erschöpfungszustand, der durch eine Antriebs- und Leistungsschwäche gekennzeichnet ist und für einen jahrelang andauernden „Teufelskreis“ aus Überarbeitung und Überforderung steht.

Ich bin echt froh, dass auch mal eine offizielle Beschreibung so gut den Kern der Sache trifft. Dabei möchte ich Dein Augenmerk auf die zwei Begriffe ‚Überarbeitung' und ‚Überforderung' lenken.

 Überarbeiten tut man sich nur dann, wenn man sich inmitten eines Überlebenskampfes wähnt. Denn dann arbeitet man mehr als man eigentlich möchte und versucht Dinge zu bewältigen, welchen man nicht gewachsen ist. Dadurch baut man Widerstand gegen das auf, was man tut. Aber, etwas mit Widerstand zu tun, erfordert mindestens 10 x mehr Kraft, als es ohne Widerstand der Fall wäre! Am Anfang bemerkt man dies nicht gleich, aber je länger ein solcher Zustand andauert, desto deutlicher werden die Auswirkungen. ‚Überforderung' ist insofern ein treffender Begriff, dass auch dieses Wort darauf hinweist, dass man der Sache nicht gewachsen ist. Wenn man für seine eigene Vision lebt und arbeitet, dann ist man bestenfalls gefordert, manchmal mehr und manchmal weniger. Wenn man weiß, dass jede Forderung – und dies im Besonderem – eine Förderung ist, dann tritt keine Überforderung auf. Ja, das Leben fördert uns! Und wir sagen ja auch nicht, dass es ein Problem ist und man sich über-fördert fühlt. Wir wollen ja gefördert werden und das Leben tut dies auch. Wie kann mich das, was mich unterstützt und fördert und natürlich auch fordert, so ruinieren, dass man ausgeburnt ist? Gar nicht – im Gegenteil! Gefordert zu sein, wenn man es als gefördert zu werden betrachten kann, wirkt in der Tat belebend, stärkend und nicht ausbrennend. Das echte Problem ist jedoch hier zu finden: Die Menschen fühlen sich nicht dazu in der Lage, die Anforderungen oder wie ich es formuliere, das an Förderungen, welche ihr Leben an sie stellt, erfüllen zu können. Dies entlarvt den wahren Hintergrund des Burnouts. Die meisten Menschen fühlen sich insgeheim nämlich als Versager, als zu schwach dafür oder nicht gut genug, das ist das Problem!

Solche Selbstüberzeugungen, welche meist ein bisschen unterbewusst vorhanden sind, lassen sich aber leicht lösen. Es ist schwierig für mich, ein Problem zu erörtern, welches eigentlich nur das Symptom ist. Jeder weiß, wie sich anfühlt, ausgebrannt zu sein. Das kennen wir alle irgendwoher. Aber eins ist sicher: Ein paar Wochen Urlaub und dann wieder zurück in ein Leben, welches man so gar nicht leben will, bringt gar nichts. Da hilft auch keine Kur, selbst dann nicht, wenn sie von der Kasse bezahlt wird. Man kommt nicht drum herum, wesentliche Veränderungen in seinem Leben und seiner Sicht der Dinge, vorzunehmen. Ich weiß, nur schon diese Idee überfordert schon einige. Aber wenn ich einen anderen Ausweg wüsste, dann würde ich dies nicht so sicher behaupten.

Da dieses Thema unabhängig von verschiedenen Seiten an mich herangetreten ist, wollte ich es nicht unerwähnt lassen. Es scheint wirklich im Trend zu sein. Die Angebote an verschiedensten Therapien und Heilmittel steigen täglich so stark, wie wir uns das wohl nur an der Börse wünschten.

Gut, und jetzt komme auch ich noch damit an. Puh…, das muss in Deinen Augen ja ziemlich widersprüchlich erscheinen. Aber was soll's, ich bin ja nicht depressiv. Ich bin ja noch nicht ausgebrannt, dann ertrage ich Deine Kritik schon. Früher hieß diese Krise ‚Depression', aber für mich ist es genau dasselbe. Und wie sage ich doch immer: Neuer Name der Krankheit – Neue Medikamente im Regal.

Ich rate einfach dazu, endlich damit aufzuhören, ein Leben zu leben, welches nicht Deinen Wünschen entspricht. Und wenn Du das alleine nicht schaffst, dann kann Free Spirit® für Dich eine Lösung dafür sein. Und für viele andere Dinge auch. Denn natürlich tauchen noch ein paar andere Grundthematiken Deines Lebens auf, wenn wir ein wenig tiefer schürfen. Wer tiefer schürft, entdeckt die meisten Schätze! Ja, das, was

146 Du Probleme nennst, das sind für mich Schätze. Zugegeben, manchmal sind sie sehr schmutzig und nur mühsam zu bergen, aber es lohnt sich. Ein Forscher ist also einer, welcher sich nicht vor ‚Problemen' fürchtet, einer, der die Herausforderung sucht und nicht einer, welcher jedem Konflikt aus dem Weg geht. Ja, liebe Freunde, wir sind offenbar so weit, dass wir uns doch verändern müssen. Es scheint wohl doch so zu sein, dass wir die Verantwortlichen für unser Leben sind. Oder was meinst Du? Glaubst Du denn ernsthaft, dass jemals ein Fremder, ein Anderer in der Lage dazu wäre, Deine Probleme zu lösen oder Deine Herausforderungen für Dich zu meistern? Das glaube ich nicht! Oder sagen wir es mal so. Das hoffe ich zumindest nicht, Deinetwegen. Denn es würde bedeuten, dass Du hoch gefährdet bist in Bezug auf: Abhängigkeit, Krankheit und... ja, auch für ein intensives Burn-Out.

Es heißt ja nicht umsonst; Burnout-Syndrom. Ein Syndrom bedeutet genau genommen folgendes: Das ‚Syndrom' ist in der Medizin und Psychologie das gleichzeitige Vorliegen verschiedener Symptome (= Krankheitszeichen) ursächlicher Zusammenhang mehr oder weniger bekannt ist oder vermutet werden kann, aber die Pathogenese (= Entstehung und Entwicklung) nicht. Wenn sowohl Ursprung als auch Entstehung und Entwicklung bekannt sind, handelt es sich um ein Krankheitsbild. Von ‚Syndrom' wird dann gesprochen, wenn es sich um – zumindest in gewisser Hinsicht – einheitliche und in vergleichbaren Fällen ähnliche Krankheitszeichen handelt.

Und was sagt das nun aus? Sie wissen es nicht! Sie wollen es auch nicht wissen! Denn wenn man die Zusammenhänge kennen würde, dann könnte man es ja heilen. Aber wer verdient schon Geld mit gesunden Menschen? Mit Sicherheit nicht die Pharmaindustrie, die Kosmetikinstitute oder die Krankenversicherungen. Es ist nämlich – und das hörst Du vielleicht nicht unbedingt gerne – ein wesentlicher Bestandteil des Landesbruttosozialproduktes, welches durch die Medizin und alle damit verbundenen Institutionen und Personen, auch den Patienten, erwirtschaftet wird. Und ja, es gibt viele Menschen, die auch dieses Thema jenseits des Leides, welches dadurch verursacht wird oder einhergeht, durchaus nur aus wirtschaftlicher Sicht betrachten. Aber ich muss auch sagen, dass es eine große Kunst ist, es so intelligent zu formulieren, wenn man sich einfach nicht sagen traut, dass man es nicht weiß. Das macht schon Sinn, aus wirtschaftlicher Sicht, denn wer würde ein Heilmittel von einer Firma kaufen, die nicht einmal weiß, was es zu behandeln gibt? Das würden vermutlich die meisten Konsumenten hinterfragen. Oder? Also mir würde es fragwürdig erscheinen.

Bezüglich Burnouts kann man sich glücklich schätzen, wenn man einen guten Psychologen kennt oder eben – mich. Es gilt immer, auch bei jeder Krankheit, hinter die Symptome zu schauen. Unkraut muss ja schließlich auch mit der Wurzel entfernt werden, damit das mit dem Gemüsegarten funktioniert, oder? Ja, und wenn es mit dem Leben und Glücklichsein funktionieren soll, verhält es sich genau so. Die Welt, in welcher wir leben, und das, was wir in unserem Leben an Erfahrungen machen, hängt immer mit dem zusammen, der es erlebt. Deine Welt – Du bist der, welcher sie so erschafft, wie sie für Dich gerade ist. Deine Probleme – Du bist derjenige, welcher sie erschaffen hat. Deine Krankheiten – wer ist wohl hier verantwortlich? Wer, wenn nicht auch Du und wann willst Du dies akzeptieren, wenn nicht heute? Wenn es Dir schon heute gelingt, diese Sichtweise zu teilen, dann wirst Du wieder voll handlungsfähig. Ansonsten wird eben Dein Therapeut, Arzt oder Psychologe tätig.

 Hier zum Schluss nochmals mein Burnout-Slogan:

Burn-In anstatt Burn-Out!

Ja, das Leben ist eine Herausforderung. Und wen oder was oder wen und was fordert es, herauszukommen? Dich! Es fordert, dass Du Dich der Welt zeigst so, wie Du wirklich bist. Es will, dass Du aus Dir herauskommst und Dein Sein ins Leben hineingibst! Mehr ist das nicht. Tue es und Du wirst glücklich und erfolgreich sein. Tue es nicht und Du wirst Dich quälen müssen in der Hoffnung, irgendwann Deine Pension genießen zu können. Welche Variante erscheint Dir wünschenswerter?

Na fein, dann sind wir ja ganz einer Meinung.

Lass es Dir gut gehen!

Über Autor & Verlag

Bruno Würtenberger & GreatLife.Books

MEHR ÜBER BRUNO WÜRTENBERGER
http://brunowürtenberger.com
http://freespiritinfo.com
http://freespirit-shop.com
http://freespirit-tv.ch

BRUNO WÜRTENBERGER

Bruno Würtenberger geb. 1960 in Zürich ist Bewusstseinsforscher mit Leib und Seele. Er lebt zurückgezogen im Zürcher-Oberland, hat einen Sohn und eine große Vision, nämlich:

Eine friedliche, glückliche und erfolgreiche Gemeinschaft aller Menschen welche in Harmonie mit der Natur leben.

Er entwickelte das FreeSpirit®-Bewusstseinstraining, schrieb mehrere Bücher, darunter der Bestseller ‚Klartext'.

Würtenberger ist gefragter Dozent an in- und ausländischen Fachkongressen und besticht mit seiner humorvollen und charismatischen Art.

Zudem gründete er das Kinderhilfswerk ‚FreeSpirit®-Compassion Care & Help' welches weltweit Kinder in Not unterstützt. Bruno Würtenberger ist viel in der Welt herumgereist und studierte die Menschen nah und fern. Seine Kernkompetenz liegt im Bereich der Lebensgestaltung, empirischer Bewusstseinsforschung und Persönlichkeitsentwicklung.

Er gehört keiner Religion oder Konfession an und bekräftigt stets, nur seinem Herz zu folgen. Dies ist auch sein maßgeblicher Rat an die Menschen.

FREESPIRIT®
COMPASSION - CARE & HELP

Das FreeSpirit® Kinderhilfswerk hilft vorzugsweise Kindern und Eltern in Not. Wir sind der Meinung, dass Kinder eine Zukunft verdient haben. Sie sind es einfach Wert, dass wir Sie unterstützen und wir werden spätestens dann froh sein, wenn Sie grösser geworden sind und unsere Welt regieren.

Nur so können wir sicherstellen, dass die Zukunft der Menschheit menschlicher wird als es die Vergangenheit gewesen ist. Hunger und Armut sind heute leider grösser denn je. Ja, jeder kann helfen also, packen wir es an - gemeinsam können wir etwas bewegen!

Der Zweck des Vereins ist die Förderung und Unterstützung hilfsbedürftiger Menschen, wobei der Schwerpunkt auf die Hilfeleistung zu Gunsten von Waisenkindern und alleinerziehenden Elternteilen gelegt wird. Die Unterstützung geschieht in finanzieller, materieller und emotionaler Art in vereinsinternen und vereinsfremden Hilfsprojekten.

FreeSpirit® Kinderhilfswerk ist ein rechtlich anerkannter und international tätiger Verein gemäss den Bestimmungen des Art. 60ff ZGB mit Sitz in der Schweiz. Unser Verein ist von der Steuer befreit, das bedeutet, dass kein gespendetes Geld auf irgendeinem Steueramt hängen bleibt. Spenden an unseren Verein sind abzugsberechtigt.

KLARETXT

BRUNO WÜRTENBERGER

Klartext ist spirituelle Psychologie vom Feinsten. Weise, humorvoll, leicht verständlich, alltagstauglich und herrlich provokativ. Das Standartwerk des Schweizer Bewusstseinsforschers Bruno Würtenberger behandelt Realität und wie diese verändert werden kann, um ein selbstbestimmtes, glückliches Leben zu führen. Dieses Buch eröffnet dem Leser eine ganz neue Herangehensweise und ist ein wertvoller Lebensbegleiter. Ein Muss für jeden, der sich ein frei bestimmtes Leben voller Erfolg, Freude und Liebe wünscht.

ISBN:
978-3942880-05-3
Umfang:
300 Seiten
Verlag:
Horizon Verlag

REVOLUTION

BRUNO WÜRTENBERGER

Dieses Handbuch ist für Menschen gedacht, die es wirklich wissen wollen. Kompromisslos ehrlich, anstössig, unglaublich tiefgründig und humorvoll-ironisch zugleich räumt der Autor mit allen spirituellen und esoterischen Umwegen auf. „Revolution" ist mit Sicherheit eine aussergewöhnliche Lektüre von allerhöchster Qualität und Einfachheit. Man kann dieses Handbuch durchaus als spirituellen Turbo bezeichnen. Achtung: nicht für ‚Mimosen' geeignet!

ISBN:
978-3952272-13-8
Umfang:
264 Seiten
Verlag:
Spirituelle
Schule Schweiz

VON OPFERN, SCHÖPFERN, GLÜCKLICHEN

BRUNO WÜRTENBERGER

Der Mensch will nicht leiden. Daher mögen die meisten keine Herausforderungen und Abenteuer mehr. Das ist der Grund weshalb die Menschen ihre leidvollen Themen nicht auflösen können. Sie sind dann keine Lösung, sonst wären sie glücklich. Und wer nicht die Lösung ist, der ist im Widerstand. Widerstand ist das Hindernis vor dem wir stehen. Und so lange wir im Widerstand bleiben, sind wir das Problem. Wir selbst sind also das Problem. Aber keine Sorge, gleich nach dieser Erkenntnis, können wir zur Lösung werden. Wenn Du aber jetzt dagegen rebellierst, dann wird aus dem Widerstand eine Totalblockade. Jetzt bist Du blockiert. Bist Du aber blockiert, dann wirst Du das Hindernis vor dem Du stehst niemals nehmen können, Du wirst es weder erkennen, verstehen, noch irgendwann integrieren können. Du erlebst Dich als Opfer. Wie Du vom Opfer zum Schöpfer, wie Du Dich glücklich wieder in Deinem Leben erleben kannst, davon handelt dieses Buch.

ISBN:
978-3961240203
Umfang:
184 Seiten
Verlag:
GreatLife.Books

TODLEBENDIG

BRUNO WÜRTENBERGER

Eine Ausfahrt der ganz besonderen Art. Nie wird er sie mehr vergessen, diese eine Sekunde die sein Leben auf den Kopf stellte. Ausführlich beschreibt Bruno, was in diesem einen Moment geschah und wie dieser Moment ihn grundlegend veränderte. Ausführlich beschreibt er aber auch, wie Jeder auf seine ganz eigene „Reise" gehen kann. Auch ohne Motorrad. Lebensgefährlich bleibt es aber, das Abenteuer Bewusstsein.

ISBN:
978-3952272-412
Umfang:
172 Seiten
Verlag:
GreatLife.Books

LICHT & SCHATTEN DER LIEBE

BRUNO WÜRTENBERGER

In diesem Buch dreht sich alles um Liebe, Beziehungen und Sex. Jeder Mensch sollte über die wesentlichen Grundlagen für eine erfolgreiche Beziehung mit und ohne Sex Bescheid wissen. Wie lässt man das Licht seiner Liebe leuchten? Was sind die kardinalen Fehler die es zu vermeiden gilt? Wie erlangt man wahrhafte Liebe und Freiheit? Diese und viele andere wichtige Fragen in Sachen Beziehung betrachtet der Autor aus einer höheren Perspektive und stellt Vieles damit unmissverständlich klar.

ISBN:
978-3945952559
Umfang:
260 Seiten
Verlag:
GreatLIfe.Books

GreatLife.Books

Für alle Indie-Autoren, die eine tatkräftige Unterstützung bei der Veröffentlichung ihrer Bücher suchen.

1994 haben wir in den (damals noch neuen) Medien, unseren Weg begonnen. Zwanzig Jahre später findet sich jetzt all unser Knowhow unter einem Hut und einer großen Dachmarke: dem GreatLife - Netzwerk. Mit unserem Verlag GreatLife.Books können wir daher Dir als Autor, ein riesiges Leistungsspektrum anbieten. Von der Konzeptentwicklung, über den Buchsatz, bishin zum Lektorat,

GREATLIFE.BOOKS

Grafik, Video, Onlinemarketing, PR, TV oder SocialMedia, alles steht Dir für den den Erfolg Deines Buches zur Seite. Gemeinsam ziehen wir an einem Strick, mit einem Ziel vor Augen: Dein Thema Deinen Lesern vorzustellen.

Wir sind kein „richtiger Verlag“ im herkömmlichen Sinne. Wir drucken nicht selber. Das erledigen weiterhin unterschiedliche BOD Unternehmen. Wir finden schon den Richtigen für Dich. Wir verstehen uns als Dienstleister und Netzwerk für Indi-Autoren. Gemeinsam fällt es einfach leichter etwas zu bewegen und so haben wir schon einiges zusammen erreicht.

Voraussetzung, um zu uns zu passen ist: Du hast etwas rund um das Thema Leben, Entwicklung oder Spiritualität zu sagen hast. Wie dieses Buch hier ja auch.

Wenn Dich unsere Arbeit interessiert, schaue einfach auf unserer Homepage vorbei, schau was unsere Autoren über uns sagen. Auch den Autor dieses Buches wirst Du da finden.

Wenn Du also den Service eines Verlages suchst, aber die Freiheit eines Indie-Autors dabei nicht aufgeben willst, dann solltest Du uns ansprechen. Ruf einfach an oder maile uns, im persönlichen Gespräch werden wir schnell herausfinden was Du brauchst, wir für Dich tun können und wir gemeinsam erreichen können.

Viel Freude Dir weiterhin beim schreiben und viele nette Leser - Dein Team von GreatL!fe.Books

http://greatlifebooks.de | info@greatlifebooks.de
fon: (0800) 72 45 381

Empfehlungen

WEITERE AUTOREN
UND IHRE BÜCHER BEI GREATLIFE.BOOKS

GRAUSAM UND WAHR
U.M. AUKTOR & K. KONSTANTIN

JA! Hier geht es ans Eingemachte! Hier wird enthüllt und aufgeklärt. Hier kannst Du Deine eigene, individuelle und vergessene Wesensart erkennen, anschauen und wiederbeleben. Deine von klein auf in Perfektion erlernten Vermeidungs- und Verschleierungs-Konzepte werden auffliegen auf und Du wirst Dir Deiner natürlichen Größe wieder bewusst.

Umfang: 180 Seiten
ISBN: 978-3945952856

ZEIG MIR, WER DU BIST!
URSULA MARIA AUKTOR

Das total andere Beziehungsbuch: Revolutionär und praktikabel! Neue Perspektiven für Wachstum & Erfüllung in Paarbeziehungen.
Das neue Buch von Ursula Maria Auktor, basierend auf der jahrzehntelanger Forschungs- und Praxisarbeit.

Umfang: 288 Seiten
ISBN: 978-3945952856

MACHTSPIELE? MACHT NICHTS!
MICHAEL KIRCHHOFF

Jeder kennt sie, die meisten verabscheuen sie und nur wenige genießen sie: Machtspiele. Wenn wir verstehen wollen, warum wir uns so leicht formen und lenken lassen, müssen wir verstehen, wie Kommunikation funktioniert.

Umfang: 228 Seiten
ISBN: 978-3849578107

HANDBUCH MANIPULATION
EIKE RAPPMUND

Unser Gehirn tickt wie ein gut geöltes Uhrwerk. Immer nach den gleichen Ritualen. Meist mit zu erwartenden Ergebnissen. Wie man auf die menschliche Hirnmechanik im einzelnen Zugriff bekommt, ob nonverbal, verbal oder systemisch, das erklärt der Autor grundlegend an vielen kleinen Beispielen aus und für den Alltag.

Umfang: 440 Seiten
ISBN: 978-3849578305

VIELEN DANK FÜR DEIN INTERESSE

UND AUF EIN BALDIGES WIEDERSEHEN!

GREATLIFEBOOKS.DE FT. BRUNO WÜRTENBERGER

GREATLIFE.BOOKS